藍學堂

學習・奇趣・輕鬆讀

WARREN BUFFETT
ACCOUNTING BOOK
Reading Financial Statements for Value Investing

巴菲特財報學

跟股神學投資，用會計知識解析價值投資法

| 新修版 |

超人氣Podcast節目主持人 **史迪格・博德森** Stig Brodersen　**普雷斯頓・皮許** Preston Pysh ──── 著

徐文傑 ──── 譯

推薦序

以會計深入了解價值投資

文｜張明輝

股票投資有賺有賠是很正常的，即便是巴菲特也常有虧損的個股案例。所以投資人在遇到投資虧損時不要灰心喪志，要不斷地學習及培養投資心法，以提高投資勝率，讓年度投資報酬率至少超過通膨指數 2% 以上；這樣一來，在消極面上，可以避免個人財富被通膨年復一年的稀釋掉，在積極面上，則是能讓個人的「實質財富」不斷增加。

價值投資法是投資股票的王道

巴菲特堅持的價值投資法是投資股票方法中的王道之一，它可以避免我們投資個股時淪為賭博、擲骰子，進而提高個股的投資勝率與投資報酬金額。

目前市面上介紹或提及價值投資法的書籍很多，但內容往往偏向於價值投資法觀念與個案投資結果的介紹！所以往往看起來

很愉悅，但實際運用時會有不知如何下手的感覺。這是因為書中不是沒有介紹會計方面的知識與運用，就是提到會計運用時，沒有照顧到缺乏會計知識讀者們的理解能力，以致難以融會貫通。

本書除了介紹價值投資法的投資原則外，還介紹與運用很多基本的會計方法去衡量個股的價值，剛好補足了「如何衡量」的一部份缺憾！是一本可以實際拿來運用價值投資法的好書。

會計是投資界的溝通語言

會計是商業與投資界的溝通語言，就如英語是國際通用語言一樣。具備一定程度的會計知識與產業知識可以讓我們了解企業的資源配置狀況、財務負擔狀況、經營者的經營理念與卓越精神、企業整體經營的聚焦狀況、以及整體的結構性獲利能力等等，從而更大幅度的深入瞭解投資標的與其應有的「價值」。

讀者若想進一步學習會計、財報與產業知識，以增進投資能力，可以翻翻台大劉順仁教授或是我所寫的一些深入淺出的看懂財報書籍如《大會計師教你從財報看懂經營本質》《大會計師教你從財報看懂產業本質》《大會計師教你看懂投資本質》三書，或有另一番收穫。

（本文作者為資誠聯合會計師事務所前所長、曾任台大、中正、東海大學會計系教授）

巴菲特財報學：
跟股神學投資，用會計知識解析價值投資法

Contents
目錄

推薦序	以會計深入了解價值投資		
		張明輝	002

前 言	如何使用本書？	006
CH 1	如何理解股市？	009
CH 2	投資人必懂的觀念	021
CH 3	簡單介紹財務報表	035
CH 4	價值投資 4 大原則	051
	原則 1：審慎的領導人	053
	原則 2：長期前景	069
	原則 3：公司具穩定性且易於了解	077
	原則 4：以撿便宜的價格買進	086

CH 5	財務報表與股票投資人	139
CH 6	損益表詳細解析	151
CH 7	資產負債表詳細解析	187
CH 8	現金流量表詳細解析	229

後　記	給讀者的最後提醒	261
附錄 1	內在價值計算工具及其限制	262
附錄 2	如何評估發行普通股效益？	279
附錄 3	如何評估購買庫藏股效益？	284

前言

如何使用本書？

這本書來自一個不斷發展的構想：一般投資人應該不需精通金融學，就能了解股神華倫·巴菲特（Warren Buffett）投資方法的基本原理。2012 年，我們寫了一本《華倫·巴菲特最愛的 3 本書》（Warren Buffett's Three Favorite Books），那是寫給業餘投資人的書籍，以便了解巴菲特投資方法的基礎與根本構想。

然而，本書要教導認真的股票投資人必須知道的會計術語與技巧，讓投資能更進一步：前 4 章會教你如何看待股票市場、如何挑選股票與評估價值，而且只需少量的會計技巧或知識就可以做到這一點。如果想要更進一步研究企業會計，可以全心研究最後 4 章，我們會在這些章節討論 3 大財務報表中各個會計科目。

由於本書的投資原則奠基於一些才華洋溢者的構想上，因此以下先簡單介紹這些人：

華倫‧巴菲特（Warren Buffett，1930～）

白手起家的巴菲特，如今已被認為是有史以來最佳的股市投資人。他目前擁有的淨資產超過 1,330 億美元[1]，其財富奠基於穩健且一致的投資方法上，我們會在本書中概略說明。他是一家名為波克夏海瑟威（Berkshire Hathaway）公司執行長，波克夏海瑟威是美國的集團控股公司，巴菲特也是最大的股東。他已承諾淨資產超過 99% 要用於慈善事業上。

班傑明‧葛拉漢（Benjamin Graham，1894～1974）

對許多人而言，葛拉漢被認定是「價值投資法」的創始人。他是巴菲特在哥倫比亞大學（Columbia University）的教授，也是巴菲特的老闆、導師與一輩子的朋友。他也是《智慧型股票投資人》（The Intelligent Investor）與《證券分析》（Security Analysis）作者；毫無疑問地，這些作品是有史以來最重要的價值投資書籍。巴菲特曾多次提及這些書，他認為因為有這些書，才能塑造出自己的投資哲學。

查理‧蒙格（Charles Munger，1924～2023）

曾任波克夏海瑟威公司副總裁，身為巴菲特的商業夥伴而為人所知。雖然不如巴菲特知名，不過他所擁有的堅強品格與穩健的投

---

[1] 編按：根據《富比士》資料，截自 2024 年底，巴菲特身價為 1,330 億美元。

資方式,同樣也受到價值投資人尊敬。蒙格的投資才能,也使其成為億萬富翁。

CHAPTER

1

如何理解股市？

價值投資人對股市的看法與其他投資人不同，他們不相信股市只是由單純的股票組成，而是由真正的公司所組成的。這微小的差異改變了每件事，也可以解釋為什麼價值投資人得以年復一年地擊敗市場。

在這一章，你將會學到如何用不同的方式看待股市。因為擁有不同的思維，你會具備一個與眾不同且獨特的優勢，這個優勢將引領財富成長、降低風險，並且減輕壓力。你也會明白，為什麼股價下跌是好事，以及聰明的股市投資人愈來愈富有的原因。

市場先生，以及市場的泡沫

你見過「市場先生」（Mr. Market）嗎？如果你曾在證券交易所交易，你就見過他；如果你聽過財經新聞，你也肯定聽過他。「市場先生」是價值投資法發明者班傑明·葛拉漢在1950年代於哥倫比亞大學授課時所虛擬出的人物。或許你已經聽葛拉漢說過，如果沒有，我也確信你聽他最出色的學生提起過，那個學生的名字是華倫·巴菲特，也是歷史上最成功的股票投資家。

如果你是認真看待股票投資的人，那麼市場先生會是你很重要的熟人：他每天都會拜訪你，當他來訪時，你可以買賣高品質或低品質的公司。市場先生來訪時總是很客氣，要激怒他並不容易，你可以盡情查看他的公司；如果你願意，甚至每天都能查看，而且不一定要進行買賣。只要你願意，想等待多久都可以。

市場先生最好的地方是即使你忽略了他很多年，他每天仍會提供新的報價給你。

有時市場先生的心情很好，這時他有很多客戶，不管是高品質或低品質的公司，所有商品的價格都很高。但也許隔天市場先生的客戶變得非常少，就跟大家預期的一樣，他的心情不太好；在這樣的日子裡，他要銷售的公司正在進行大拍賣，因此同一家公司的價格會變得更便宜。

沒錯，你可能已經猜到我們在說什麼——我們說的是「股市」。股市的報價每天都會上下波動，或許有人會說，股價波動總是有原因，他們認為當前的價格會反映公司的真實價值，這種想法在學術界非常流行。

不過，巴菲特和葛拉漢等價值投資人絕對不會同意。他們認為股市會受情緒影響而短期波動，長期則是因為價值而變動。市場先生可能是個虛構人物，但他卻是股市在短期遵循市場情緒的象徵。有充分理由相信巴菲特是對的——使用價值投資，他的財富已經累積逾 1,330 億美元。

對很多投資人來說，股市依然是個謎。他們看到很多股票的價格波動，他們期望低買、高賣，並基於這樣的期望採取行動。現在，你注意到我稱他們是「投資人」（investor），我想要撤回這個說法，以我的拙見，這些人是「交易人」（trader）。世

界上總是有很多交易人，500 年前，歐洲人前往新世界去購買菸草，然後返國後以更高的價格賣出；當你購買雜貨時，你買下的牛奶價格，會比店家的進價還高。交易是一種技術，不論交易的是菸草、牛奶，或是股票。

如果你是價值投資人，所看到的不是一檔股票，而是一家公司。許多人總是會忘記，當他持有一檔股票時，實際上擁有的是真實事業所公平分割的股份，這意味著任何 1 股的股票權利都相同，價值完全以等比率分割。股市提供每個投資人一個獨特的機會，以一個業主（owner）的身分去投資實際的公司，並且按比率分享該公司獲利。就像巴菲特擁有的可口可樂（Coca-Cola）股份比你還多，但原則完全相同。

如果你想要像巴菲特一樣成為一個價值投資人，你就會想要累積股票，而非交易股票。葛拉漢有句名言：「**短期來看，股市是個投票機；但長期來看，股市是個體重計。**」這句聽起來很深奧，但卻充分彰顯出他的看法：想辦法累積更多的公司股票或股權，比每天在市場交易更重要。

另一個與股市相關的重要事情是股價常常會因為一些理由而波動，也就是說，股價波動不一定表示這些波動合乎邏輯或很重要。你常常看到某檔股票的價格比前一天上漲 2%，隔天卻又下跌 1%，但這似乎沒有讓太多人感到困擾。

仔細思考一下，會發現你聽到那些股價變動的論點常常毫無意義。假設這家公司是可口可樂，你聽電視上的分析師說，股價上漲是因為最新的就業報告優於預期；接著，不到 24 小時，你可能又聽到另一個分析師說，該檔股票的價格下跌，是因為消費者信心不如某家大型投資銀行的預期——這真的能解釋為什麼可口可樂在不同日子裡有不同價值嗎？答案顯然是否定的。如果我們每天對美國某小鎮街上的一家小公司進行評估，光是想像都會覺得畫面相當滑稽。

誰在決定股價？參與買賣股票的每個人都在影響不斷改變的股價。一般而言，一天之中只有不到 1% 的股份被交易。這群少數的交易人最後會透過股票的供給與需求來決定當下的價格，很多時候，其實都是同一群人在交易。一家公司的價格，每天都取決於數百、甚至數千個因素，因此部分交易人會根據一些分析來進行交易，但很多人則是因為情緒或個人因素而交易——很高興再次見到市場先生！

請注意，我談的是股票的「價格」，而不是股票的「價值」，至少目前為止還不是。價格和價值完全是兩回事。當市場先生興致高昂時，價格會很高，我們有時就會遇到「泡沫」。當一家公司的價格與價值之間的關係背離時，就會發生這種情況。

我們已經看過多次股市泡沫破滅的情況。舉例來說，2000 年的網路泡沫，就是對科技公司的看法過於樂觀所導致，當時的

人們的信念是不管價格高低，都一定要擁有那樣的企業；如同其他股市泡沫，這個錯誤的想法非常危險。最近全球經歷了一場房地產泡沫，到處充斥著擁有不良貸款的銀行，一旦價格與價值之間的關係背離，泡沫就會再度破裂，使得情況得以修正。

為什麼泡沫不斷發生？我們有從歷史學到什麼教訓嗎？很明顯的，答案是「沒有」。1637年第一次記錄到經濟泡沫，也就是在荷蘭（Netherlands）發生的「鬱金香狂熱」（Tulipmania❶）；當泡沫達到巔峰時，一顆鬱金香球根價格高達勞工10年收入，遠遠超過其價值。今天我們也許會訕笑那些因此犧牲、陷入經濟崩潰的荷蘭窮人；不過，正如過去10年看到2次泡沫，人類從歷史經濟泡沫中學到的教訓非常少。

長期來看，人們會週期性地經歷經濟泡沫，而且有足夠的理由顯示，未來還會有更多經濟泡沫出現。理由很簡單：泡沫是人為造成的。雖然可以預測大多數人在股市中會做一些不明智的事，但無法預測這樣子的情況會持續多久。我們也許知道有個泡沫正在發生，但無法知道泡沫何時會破滅，這可能需要好幾年。在泡沫產生時，許多人在市場下了重注，賭泡沫即將破滅而損失很多錢，即使他們是對的，但往往在市場進行調整前就破產了。

---

❶ 編按：當時由土耳其引進荷蘭的鬱金香，吸引大眾搶購，導致價格飆高；然而在泡沫破裂後，鬱金香價格暴跌，許多人傾家蕩產，荷蘭的經濟也隨之衰退。

對人類的行為下重注就是一種投機行為。不過,來看看為什麼價值投資會從人類行為中受益,我們也會告訴你葛拉漢教授教導學生的內容:

> 市場先生是你的僕人,不是嚮導。
> ——華倫‧巴菲特

好消息!市場正在下跌

你會在大特價時購物嗎?我肯定會這樣做!誰不想要用更便宜的價格買進優質的商品?在價格低的時候,我會買進很多,而在價格高的時候少買一點,甚至是不買。

這很有趣。當人們在商店血拚時,很可能會這樣購物,但說到買股票,投資行為卻剛好相反,為什麼呢?

當股市以較高的價格交易時,你會發現股市集體出現輕鬆賺錢的想法;相反地,當股市下跌或表現不佳時,一般交易人會像看到瘟疫似地避開市場。這種情況總是在發生,因為每個人的正確思考與知識被集體思維所替代。因此,一旦市場表現不佳,這些人就會離開,因為他們清楚知道自己正在面對無法了解的狀

況。這個想法很重要，價值投資就奠基在這個基本概念之上：市場不會提供價值，而是提供價格。你必須確定其價值，還要謹記一件事，那就是當某個東西價值 10 美元時，以 5 美元的價格少量買進是很糟糕的決定。

身為股票投資人，大多數時候你都應該希望市場下跌，罕見的例外情況是當你受限於時間時。舉例來說，如果你打算在 1 年～2 年內退休，而且需要動用極大部分的存款，那麼股市可能是你投入資金的高風險之處。如果時間不是問題，你當然會希望股票盡可能地便宜。

還記得市場先生嗎？之前我們說過，當他心情好時，價格很高；相反地，當他心情不好時，價格很低。在武術中，有個名詞叫「合氣道」（Aikido），意思是利用對方的力量來反擊。做為一位價值投資人，把其他人視為對手可能讓你感到不舒服，但借用他人力量確實有其象徵的重要性。當市場先生心情不好時，就是累積股票、並利用不可避免的股票行為轉為優勢的時候了。記住，如果你挑出表現不好的股票，並且明智地採取行動的話，就是你的優勢。

你知道市場價格短期是由股民的心態所決定。在某些時間點，股民感到恐懼，所以股票變得非常便宜；相對來說，其他時間會顯現出股民的貪婪，股價變得很高。我們無法預測未來，但可以合理假設：恐懼和貪婪會在未來的市場變動中，持續扮演活

躍的角色。

股價像瘋子一般地上下跳動，做為價值投資人的你，不應該任由它打擊信心。事實上，你應該要很興奮——市場先生是你的僕人，當他的情緒波動愈劇烈，你就能買更多股票。劇烈波動的股價，只會讓你用更便宜的價格買進、更高的價格賣出。

優秀的投資人有個重要的技巧，有別於大多數普通的投資人，那就是他們可以控制自己的情緒。當他們投資的某檔股票價格下跌時，像巴菲特這樣的優秀投資人不會感到沮喪：當他以5美元的價格買進某檔價值為10美元的股票時，如果股價又跌到4美元，那是一個好消息，因為4美元的價格能讓他買進比之前更多的股份。

對大多數人而言，這種想法違反直覺。如果他們買進某商品，會希望買進後不久就上漲。這類型投資人的問題，在於想法受到時間束縛。為了讓價值投資發揮功效，你必須降低這種會做出衝動決策的時間因素。降低這種衝動的最好方法就是提高知識水準。隨著知識增加，你的信心也會增加，而且你對真理與實際情況的理解也會愈來愈清楚。金融教育可以減少新手投資人常見的時間與衝動因素，繼續閱讀這本書，我相信你會開始對空頭市場產生熱切的興趣，或者是對正在下跌的市場嗤之以鼻。

為什麼股市會讓你致富？

想要致富，投資股票是簡單卻不容易的方法。股票的簡單在於你了解為當自己擁有一檔股票時，等於擁有一家真實公司的小部分。你可以把一股股票視為擁有一家實體小型企業，假如你想把這家公司想像成小到足以放在手掌上，那也可以；事實上，十分合理。

以這個視覺上的例子來說，想像這家手掌般大小的公司要製造一個小型商品，它僱用為數不多的員工，有一間小倉庫。你可以用任何方式來思考這個例子，但重點在於：一股股票所產生的獲利或損失，與一家企業產生的獲利或損失相同。當你想像自己擁有 100 家小企業、每家小企業都產生 1 美元的獲利，而持有成本是 10 美元時，這個直觀的思考很有幫助。

同時，這也意味著，只要公司隨著時間有所獲利，這些公司的股東最終也能累積財富。不過，如果股票像我說得那麼簡單，為什麼沒有更多的人因股市而致富呢？

比起 20 年至 30 年後致富，大多數的人比較想要隔天致富。可以從一個事實來證實，那就是有許多人在股市中「玩樂透」，而不是「在投資」。

切記，在股市致富，並不需要特殊技能。當你以開放視野光看待投資世界時，可能會懷疑股票是否是最有利可圖的途徑。如

果你這樣思考，你應該感到自豪。在世界上各種可能的投資標的中，只有幾種投資標的會持續產生收益——總體而言，股票就是其中之一。

對於可以產生收益與無法產生收益的投資類型，思考兩者之間的差異很重要。無法產生收益的投資類型是貴金屬（如金、銀或鑽石），雖然公司創造的財富能藉由獲利回饋給股東，但一塊黃金無法創造出任何東西，也沒有任何現金流可以回饋給你。你能用黃金賺錢的唯一方法，是有人認為黃金價格比買進時更有價值。歷史資料也顯示確實如此，在 1900 年～ 2000 年之間，道瓊工業平均指數（Dow Jones Industrial Average Index）從 66 點上漲到 1 萬 1,497 點，同時間黃金則從每盎司 20 美元上漲到 400 美元。

在考慮任何的新投資之前，一定要捫心自問：「這會產生任何現金流嗎？」很快地，你就會明白，比起投資股票，像是投資貴金屬、葡萄酒與藝術品等，這些是糟糕的替代品，因為無法產生持續現金流。

到目前為止，我已經大致討論如何理解股市，也非常確定為什麼股市是增加財富的適當途徑。然而，身為真正的投資人，你可能對「因為股票就是企業，所以最終仍會上漲」的普遍假設不太滿意。投資人想要在股票這類投資商品中獲得最大的報酬，就必須掌握一些經濟概念與簡單的會計方法，這本書的目標就是要

提供這類工具。

CHAPTER

2

投資人
必懂的觀念

如果你真的想要打敗股票市場，你就應該開始研究股票，沒錯吧？要學習本益比（P/E）、股東權益報酬率（ROE）與毛利率（Profit Ratio）等相關知識？請再等一等。

沒有任何投資人能不了解「利率、通貨膨脹和債券」就持續打敗市場——這聽起來像是個枯燥的話題，但在股票市場的成功與對本章的理解程度，息息相關。很多人做了嘗試，也很多人失敗，但那絕不是你，因為你已經決定要全力研究這些概念。你猜會發生什麼事？這些努力經常會遇到阻礙。

利率

你常常聽到跟「利率」有關的新聞。利率看起來不會放寬管制，而且總是在波動。然而，利率到底是什麼？為什麼對身為股票投資人的你來說很重要？

思考一下，利率就像地心引力持續地影響你的生活。舉例來說，無論上床睡覺或跑馬拉松，你都會受到地心引力影響；同理，利率也持續地影響貨幣與企業——它一直都存在著。

不過，與地心引力不一樣的是利率會波動。利率一直存在，或是說總是在那裡，但利率的影響力也會改變。為了從更實際的角度觀察，再度拉重回前文的比喻。

假設你生活在地心引力每天都會變化一次的星球上：第一

天，地心引力很正常，我們將此作為基準設為 1.0，這一天，你可以正常開展工作，不會碰到任何問題。到了第二天，有趣的事情發生了，那就是地心引力增加成 2.0，這意味著每個東西的重量都增加了 1 倍，很難抬起或移動；你會發現自己在這一天不太想要跑步或工作，因為要完成相同的工作必須比前一天多花一倍的心力。最後，到了第三天時，地心引力發生劇烈變化，只有 0.5，你會感受到非常有趣的改變與發展，因為每個東西都變得很輕、容易移動；你的身體和所有東西的重量都只剩下前一天的 1/4，這種極端的改變讓你有能力跑得更快，並且完成更多工作。可以想見的是生活變得非常輕鬆。

在觀察這個奇怪的例子時，我們一致認為這對了解金融市場的基礎非常重要，因為利率運作就如同地心引力一樣。

當利率上升時，企業經營會變得困難、不堪一擊，這是因為企業無法用便宜及負擔得起的價格借錢；當利率下降時，企業經營會相對變得容易，也比較不受影響。由於持有的資產價值增加，使得愈來愈多人可以借錢；這麼一來不僅需求增加，如果需要借錢買東西，每個月的還款金額也會比較低。

企業會以這個方式感受到利率的影響。當利率上升時，因為難以行動與失去敏捷，獲利受限，只有最強健與適應力的企業能忍受這樣的改變。

現在來對利率更多技術性的說明，你可以把利率視為貨幣的價格。想像一下，你剛找到漂亮新房子，正在研究 2 種不同融資方案：一家銀行提供利率 6% 的 30 年期房貸，另一家銀行則提供利率 4% 的相似房貸。如果賣方要價 30 萬美元，平均每年要付出的房貸分別是 1 萬 8,000 美元與 1 萬 2,000 美元。

先別管如何計算出這些數字，你只要知道，相較於 6% 利率，較低的利率可以讓大多數人買得起房子。4% 利率使更多買家有能力以 30 萬美元的價格買下房子，進而使買房需求與房屋賣價（30 萬美元）有機會提高。如你所見，房價依然是 30 萬美元，但價值並不固定，由於低利率下的需求增長，將會看到房屋價格上漲的可能性。這是一個緩慢的過程，可能需要幾個月或幾年的時間。你會發現，利率不同會導致價格和價值有所差異，這個差異就是投資人賺錢之處，尤其是在股票市場更是如此。

這聽起來很簡單，對吧？理解利率非常簡單，因為基本原理始終相同：借款人必須付利息給放款人，而且是以雙方協議達成的利率支付。

當你在新聞中聽到與利率有關的消息時，通常是指「公債利率」，由美國聯準會（Fed）決定。聯準會是一個獨立組織，負責為美國政府管理貨幣供給與相關政策——幾乎所有現代國家都有自己的中央銀行。聯準會最重要的工作，就是為人民調整利率，現今對於聯準會調整利率是否能維持經濟穩定有很大的爭

論,但這不重要。身為投資人最重要的是要知道,聯準會刻意調整利率以改善並減緩經濟成長。如果不控制利率,很多人認為金融體系會因為巨大市場泡沫或缺乏信貸(或現金)而崩潰。每次利率改變時,價格和價值之間的差距也會改變,因而創造出潛在的機會。

身為股票投資人,密切關注利率至關重要。比起利率高的時候,你更應該在利率低時在股市採取不同的行動。為什麼?為了回答這個問題,先來看看利率一般如何決定。

想像一下,你剛找到理想的電視,這是一台線條流暢、畫質清晰的 60 吋電視;不幸的是,售價 1,000 美元,你的錢不夠。但店員給了你一個驚人的優惠,讓你以賒帳的方式得到電視——沒有預付款,甚至還免運費。仔細查看貸款條件,你發現利率是 20%;換句話說,貨幣的價格非常高,如果沒有償還本金,你必須在接下來的人生中,每年付出 200 美元——這台電視現在看來沒那麼好了,不是嗎?

先前看到房貸利率降低至 4% 時,為什麼借款人的成本有如此大的差異?比起電器行店員,銀行是更友善的放款人嗎?不,原因在於「風險」。如果你違約,銀行可以收回你的房子及大部分貸款;電視的情況則不同,二手電視也許只能獲得原來賣出價格的一半價值,短短幾年之後,這台電視的價值可能只剩 100 美元。由於利率是貨幣的價格,放款人也會調整財務狀況,這就反

映在消費者的財務行為上。

聯準會著眼在風險與調整財務行為的方法，並以類似方法決定利率。然而，聯準會是在更大的總體規模上操作。聯準會不只關注你，也關注整體經濟。當經濟衰退時，政府想要人民花更多的錢，並藉由調低貨幣價格達到目的，也就是降低利率，這是花更多錢的誘因。當更多錢被花掉時，就會增加消費，進而增加就業機會，為經濟帶來更多財富。

一旦利率偏低，企業就可以用低利率借錢，這讓新投資更具吸引力，進而帶來更多就業與更多財富。當金錢變得便宜，通常股票也會更便宜，這就是你能累積更多股份的重要時刻。

景氣好時，政府希望就此延續下去，試著避免市場泡沫以達到這個目標，因此會提高貨幣價格，也就是提高利率。當東西開始變貴，我們就會買得更少。這不僅適用於電視或房子，我們也會根據所有消費情況來調整財務行為。就像借錢給你買電視的電器行一樣，風險與因此產生的利率很高。一般人確實不想要泡沫，甚至不希望泡沫破滅，因為會造成經濟不穩定。不過，泡沫與利率波動，將帶給成功股票投資人無窮機會。

如果你想掌控股票市場，要先對利率有深刻的了解。**利率是整個景氣循環與世上所有事物價值的真正基礎**。記住，價格和價值之間有很大的差異，而利率正是造成兩者差異的最關鍵因素。

找出這種差異，將是你成功的重要關鍵。

通貨膨脹

想成為百萬富翁嗎？好消息是，你比祖父母輩更容易成功。你已經猜到了吧，我說的是「通貨膨脹」。每年商品和服務的價格都會增加一點，只會說增加了幾個百分點，但把多年之下的漲幅相加後，在 1913 年的 1 美元，相當於 2013 年的 23.49 美元。

為什麼會有通貨膨脹？通貨膨脹是好事嗎？為什麼對股票投資人而言，一點都不有趣？

首先重要的是，為什麼會有通貨膨脹？開始討論之前，先試問一下，你想在今天用 100 美元買下雜貨，或是在明天用 103 美元買下相同的東西？你會怎麼做？很有可能你會選擇在今天買下這些東西，我也會做同樣的事——在便宜的時候買進吧！

通貨膨脹也以相同方式發揮作用，儘管速度並不快。政府喜歡微幅的通貨膨脹，原因有 3 點：**第 1 個理由是若消費得更多，消費行為就會開始創造就業與財富。**今天要花 100 美元買進的一籃子雜貨，也許等待超過 1 天的時間，在未來某個時間點要花 103 美元，而聯準會透過增加經濟體系中的貨幣數量來做到這件事。簡單來說，他們不斷地增加經濟體系中的美元，如此一來，價格就會隨著時間緩慢增加。

你必須知道的重要概念是「名目美元」（nominal dollars）與「實質美元」（real dollars）的差別。名目美元不計入通貨膨脹，實質美元則會計入。如果你的祖父說他在 1913 年的時薪是 1 美元，實際上他說的是賺到名目 1 美元；若是祖父主修經濟學，他也許會說自己在 1913 年的時薪是名目 1 美元，這相當於實質 23.49 美元（也可說現在的 23.49 美元）。

政府喜歡微幅通貨膨脹的**第 2 個原因是，要你以名目美元繳稅**。舉例來說，你才剛以 10 萬美元買下一項資產，在通貨膨脹率 2% 之下，隔年的資產價格變成 10 萬 2,000 美元──資產價值並沒有真的增加，但你要以快速成長的名目價值繳稅（即增加的 2,000 美元），也就是通貨膨脹直接向你徵稅。你也可以這樣看：你可以在 1 年後出售該項資產，但無法用那些錢買更多東西。事實上因為要繳稅，所以你擁有的錢減少了。

第 3 個原因是債務以名目美元條件發行。你應該知道美國政府有很多債務，由於貨幣供給會隨著時間逐漸增加，使得鉅額債務變得更容易償還。我們將會更詳細地比較「名目美元」與「實質美元」這兩個概念。

從政府的角度來看，通貨膨脹似乎很不錯，對吧？這對政府可能有利，但對個別投資人卻非如此。從你的角度來看，通貨膨脹會是賺取報酬時的阻力或摩擦力。

通貨膨脹過高會帶來不確定性，而且這對放款人、企業、消費者或匯率都不好。正如剛才所學到的，投資與消費的減少，不利社會就業與整體財富。通貨膨脹太高，也意味隨著時間經過，仰賴退休金等固定收入生活者的購買力會降低。

這就回到了實質美元的概念。我們對於持有的錢可以買到什麼東西感興趣，而不是對擁有多少錢感興趣；或者若你像美國政府一樣舉債，你也會對債務的實質價值感興趣。當談論到「通貨膨脹」，以及「名目美元」與「實質美元」的差異時，真正考量的是「**金錢的定義**」。

什麼是金錢？金錢是我們在社會裡認同的東西。社會裡總是有某些貨幣，例如美洲原住民使用貝殼串珠。美元有價值的唯一原因是社會上所有人都了解並相信美元有價值。

人們會根據能買到多少東西來評價美元，那是美元的實質價值，也是為什麼身為股票投資人的你要了解通貨膨脹的原因。可以用一個簡單數學算式粗略計算：如果股票 1 年的名目報酬率是 10%，通貨膨脹率是 2%，那麼實際報酬率大約是 8%。（10 − 2 = 8）

隨著時間流逝，相加的數字會很大。如果你在 1913 年將 1 美元投資在總報酬率 10% 股票上，經過一個世紀，現在將高達 1 萬 3,781 美元；然而，扣掉每年 2% 的通貨膨脹率之後，在

2013 年，你只擁有實質 2,200 美元！

儘管通貨膨脹會讓報酬減少，但情況並沒有股票投資人聽起來得糟。一方面，你對通貨膨脹無能為力，無論進行任何投資，通貨膨脹都會讓報酬減少。一般來說，債務（或債券）會完全受到通貨膨脹的影響，但股票只會受到部分影響。請繼續閱讀這本書，就會了解箇中原因。

債券

哪個投資工具極具吸引力，還能讓你在 1 年內致富？如果你有答案，我當然想知道，但我很肯定答案絕對不是「債券」。我很確定對你而言，了解債券和了解股票與利率一樣重要。比較股票和債券的歷史報酬率，可以知道什麼事？

1928 年～2011 年，長期債券的平均年化報酬率為 5.4%，股票平均年化報酬率則為 11.2%。你也許會問：為什麼股民投資債券如此積極？這個統計數字是否告訴我們，應該把所有的錢投入股票，而非債券？然而 2002 年～2011 年期間，長期債券的平均年化報酬率是 6.85%，而股票只有 4.93%，這顯示出，有時投資債券是比較好的選擇，有時則是股票，情況並非一成不變。

我們要來深入研究，看看債券的真實樣貌。債券是一種貸款，沒錯，就是這麼簡單。債券只是你放款給其他人的合起來的

意思，也許是一家公司或政府。我個人喜歡換個思考方式，認為是政府欠我們錢。無論如何，借款人都有義務償還。債券包含以下 3 個簡單部分：

一、票面價值：這是債券發行的金額；同樣的道理，也是債券到期時可以取回的金額。
二、期間：債券到期前持續的時間。
三、票息或利率：每年會收到的金額，以債券票面價值的某個百分比來表示。

以下用一個簡單例子，來說明債券如何運作：

一、票面價值：1,000 美元。
二、期間：30 年。
三、票息：5%。

在這種情況下，你借出 1,000 美元，擁有了這張債券。所有權（或債券）的期間是 30 年，為了感謝你的好意，每年你會得到 50 美元，直到 30 年後債券到期；此外，當債券到期時，你會

拿回票面價值 1,000 美元 – 總共得到 2,500 美元（＝ 50 美元 ×30 年＋1,000 美元），相當於賺到名目 1,500 美元的獲利。

情況變得非常有趣。我們剛剛了解利率與通貨膨脹，以及為什麼對股票投資人很重要；我們也知道利率就是貨幣的價格，因此當利率升高時，貨幣的價格也會變高。這意味著，若你是放款人（或是購買債券的人），在市場利率普遍偏高的情況下，你會從借款人（或賣出債券的人）那裡得到更多錢。

現在談的不只是政府利率，企業也能發行債券，並擁有自己的利率。如同大家所期望的，體質不佳的公司所發行的債券利率，會比體質健康的公司還要高。事實上，因為企業破產的可能性較高，因此企業債券的利率往往會高於公債利率。

這是否表示當利率很高時，應該投資債券而不是股票？或許沒錯！想回答這個問題，還必須考量通貨膨脹，以及所有投資機會的預期收益。

回到前文例子：有 1 張票面價值 1,000 美元、票息 5%（或 1 年利息 50 美元）的債券。

來看看 5% 的通貨膨脹率會如何影響這個投資：在這張 30 年期債券存續期間，政府會快速地讓貨幣的價值膨脹，使你得到的 5% 票息被 5% 的通貨膨脹率完全抵銷，結果你事實上沒有得到任何報酬。你仍然會在 30 年債券到期時，收到票面價值 1,000

美元,也會在這 30 年之間收到利息 1,500 美元,但你的購買力根本上其實沒有任何改變。

本章總結

總結一下利率、通貨膨脹、債券和股票之間的交互作用:在低通貨膨脹率且高利率的情況下,優先選擇投資債券,部分原因是通貨膨脹雖然會讓債券所提供的固定收益減少,但高利率的環境可能會讓你得到更好的報酬;在其他情況下,股票可能是比較好的投資選擇(詳見表 2-1)。

表 2-1 通貨膨脹率與利率高低的投資選擇

項目	低利率	高利率
低通貨膨脹率	投資股票	投資債券
高通貨膨脹率	投資股票	投資股票

本書將會提供更明確的指引,告訴你應該考慮哪些類型的投資,以及這麼做的原因。

CHAPTER

3

簡單介紹
財務報表

對大多數的人來說，財務報表就和看著油漆變乾一樣無聊。有些人甚至會說，因為知道油漆的用處，所以刷油漆還比較有趣哩。另一方面，財務報表編製的目的是什麼？在回答這個比較簡單的問題之前，讓我坦白地說：財務報表並不像你認為的那麼複雜，你的看法需要與以往有所不同，透過一些實務運作與指引，你會訝異財務報表竟是如此簡單。

在這本書的後半部，我會深入探討財務報表的每個會計科目，並詳細介紹不同報表之間的關係。但在這之前，這一章要先提供你一些快速且簡單的財務報表概述。

你可以把財務報表視為系統性報告，也就是你可以得知家公司的成敗。從各方面來看，當你想擁有一家事業時，審視這些報告是最重要的事，也就是審視這家公司如何賺錢與當下的價值。如果我想要製作關於你的報表，我會在一張紙上列出你賺了多少錢、花了多少錢；在另一張紙上，我會追蹤你的長期存款與債務，例如個人退休金帳戶或貸款餘額；在第三張紙上，我會記錄你在現金和信用卡上的每筆交易。

關於你的當前價值與潛在擁有的獲利能力，我會在這三張紙上得到充分的了解。

這聽起來很簡單，對吧？而且確實是財務報表的本質。當你在一個主要資料庫中努力寫滿這三張紙的時候，你就會有一份個

人財務報告。在財務上，公司也在做同樣的事：它們把每個資訊整合為一份大報告，稱為「季報」或「年報」。

在年報中，你會看到幾個意義不同的重要聲明，這三個最重要的報表為「損益表」（income statement）、「資產負債表」（balance sheet）與「現金流量表」（cash flow statement）。當你開始研究價值投資時，這些正是你需要關注的財務報表。讓我們簡單說明以下這三個報表：

損益表

公司一年可以賺多少錢？這是損益表提出的問題。但當你檢視公司的損益表時，可能會對所有技術性會計術語感到困惑。

儘管這讓人有些害怕，不過第 6 章會詳細解釋每個會計術語。現在你只要記住，損益表（以年報而言）是確認公司一年賺到多少錢的報表，這也是為什麼損益表通常會被稱為「獲利與損失表」（profit and loss statement）的原因。它總結了一家公司在一年中賺了多少錢，以及花了多少錢，2 個數字的差距就是獲利（或虧損），你可以在損益表的最後一個會計科目看到這個數字（詳見表 3-1）。「獲利」、「收益」，通常指「淨利」，指的都是同一件事。記住這三個會計術語很重要。

可以用個人財務角度來看損益表，原理完全一樣。假設我問

表 3-1　企業損益表

1	營業收入	13,279
2	營業成本	5,348
3（= 1- 2）	營業毛利	7,931
4	行銷費用	1,105
5	研究與發展費用	863
6	管理費用	538
7	其他營業費用	1,350
8（= 4 + 5 + 6 + 7）	營業費用	3,856
9（= 3- 8）	營業淨利	4,075
10	利息收入（支出）	(135)
11	其他收入（支出）	275
12	所得稅費用	1,352
13（= 9 + 10 + 11- 12）	淨利	2,863

單位：百萬美元

你去年的工作薪資，你可能會回答 2 萬美元，這就是你的營業收入。這就是你的個人財務損益表第一個會計科目。

基本上，一年中除了薪水以外的所有交易都是「費用」。生活中有各種費用，每個人都有的是租金或房貸；有時需要新衣服，需要吃飯。無論如何，無法避免各種不同費用，我稱之為「其他費用」。我準備了一張簡單的損益表，說明個人財務損益

表可能模樣（詳見表 3-2）。

表 3-2　個人財務損益表

薪資	20,000
房屋費用	-10,000
治裝費用	-1,000
食物費用	-3,000
其他費用	-2,500
獲利（虧損）	3,500

單位：美元

　　正如你所看到的，個人財務的損益表與企業的損益表非常相似，公司的營業收入相當於你的薪資。對個人來說，你也許是在餐廳工作以賺取年薪，而餐廳的損益表則把漢堡的銷售表示為營業收入。

　　如同你有房屋、治裝和食物費用，餐廳也有費用，如表中表示為製造成本或銷售與管理成本。就像你已經知道的情況，費用會從（個人）薪資或（公司）營業收入中扣除。營業收入和營業費用的差距，就是公司所說的「淨利」或「淨獲利」──顯然地，這是非常重要的數字。

　　在會計學和投資學上，收入（或收益）通常是以每股為基

礎,也就是「每股盈餘」(Earnings Per Share,EPS)。如果表 3-2 的例子是 1 家擁有 100 股的公司,每股盈餘就是 35 美元(＝ 3,500 美元／100 股)。

如果查看表 3-1 的損益表的每股盈餘,會得到 2,863 美元的淨利。簡而言之,假設流通在外股數是 100 股,那麼每股盈餘就是 28.63 美元——這是非常重要的數字,因為這代表了公司每股獲利。請你牢記這個基礎原則,第 6 章將詳細說明損益表。

資產負債表

「我實際上有多少身價?」這是一個有趣的問題,資產負債表的真正目的就是要回答這個問題。如果你讀一家公司資產負債表,看起來可能會像表 3-3。

我知道這看起來很複雜,而且有許多從沒見過的會計術語。但實際上,這家公司只是在問:「我現在值多少錢?」

再回來看你的個人財務,就能了解資產負債表其實很簡單。請列出目前所擁有的個人物品,這些物品就是「資產」,因為是你擁有的東西。現在寫下每個物品:

- **汽車**:2 萬美元。
- **房子**:15 萬美元。

表 3-3　企業的資產負債表

資產			負債		
1	現金與約當現金	1,847	1	應付帳款	2,183
2	應收帳款	3,897	2	應付票據	498
3	存貨	2,486	3	應計費用	854
4	其他流動資產	638	4	應付稅款	427
5	預付費用	285	5（= 1 + 2 + 3 + 4）	流動負債合計	3,962
6（= 1 + 2 + 3 + 4 + 5）	流動資產合計	9,153	6	長期債務	3,211
7	非流動應收帳款	1,811	7	遞延所得稅	1,242
8	非流動投資	2,768	8	負債準備	273
9	不動產、廠房與設備	8,292	9（= 6 + 7 + 8）	非流動負債合計	4,726
10	專利、商標與其他無形資產	1,827	10（= 5 + 9）	負債總額	8,688
11	商譽	3,235	11	股本	400
12（= 7 + 8 + 9 + 10 + 11）	非流動資產合計	17,933	12	資本公積	3,261
13（= 6 + 12）	資產總額	27,086	13	保留盈餘	15,590
			14	庫藏股	-853
			15（= 11 + 12 + 13 + 14）	權益總額	18,398
			16（= 10 + 15）	負債與權益總計	27,086

單位：美元

- **家具**：2,500 美元。

接下來，要考慮這些資產個別讓你欠下多少債務，稱之為

「負債」，因為這些是你欠其他人的錢，可能是汽車代理商、銀行，或是任何借錢給你買進資產的地方。假設汽車和房子都有部分貸款，資產負債表看起來就會像表3-4。

表3-4　個人財務的資產負債表

資產		負債	
汽車	20,000	車貸	15,000
房子	150,000	房貸	120,000
家具	3,000		
合計	173,000	合計	135,000

單位：美元

現在，我們知道你的資產有多少價值，以及你為了買這些資產借了多少錢。只需要一個簡單步驟就能完成這張表，那就是讓資產負債表左右兩邊的數字「平衡」。「資產總額」必須等於「負債總額」，但目前的情況並非如此。這個構想背後的原因非常簡單：資產是你擁有的東西，買進資產的資金來源總共有2個（也只有2個來源）。

你可以用其他人（如銀行）的錢融資買進資產（意即負債），或是用自己的錢買進，我們稱後者為「權益」，有時則稱為「股東權益」。權益很容易計算，就是你擁有的東西（資產）與借的錢（負債）之間的差距。在這個例子中，權益的計算是

「17 萬 3,000 美元 – 13 萬 5,000 美元 = 3 萬 8,000 美元」。

如果在資產負債表上加入這個差距，看起來就會像表 3-5。

表 3-5　個人財務的資產負債表平衡後

資產		負債	
汽車	20,000	權益	38,000
房子	150,000	車貸	15,000
家具	3,000	房貸	120,000
合計	173,000	合計	173,000

單位：美元

當資產負債表平衡完成之後，一開始的問題「我實際上有多少身價？」就有了答案。以表 3-5 的例子而言，答案是「3 萬 8,000 美元」。企業的資產負債表也以同樣方式運作，也許企業有更多汽車與建物，但建立資產負債表的原則完全相同。

我喜歡這樣思考資產負債表：資產是公司擁有的東西，這些資產不是用自己的錢（權益），就是向其他人借錢，例如銀行（負債）買進。

接著你可能會問：「為什麼權益與負債要放在一起？既然是公司的錢，不是應該放在資產之下嗎？」答案非常簡單，在技術上，權益或股東權益不屬於公司，而是屬於股東；換句話說，權益是公司的負債，因為那是公司欠股東的錢。

在會計學和投資學上,權益通常被稱為「帳面價值」。為了確定帳面價值,你必須將權益按股份分割。看看表 3-3 的資產負債表,你可以藉由找出權益總額 1 萬 8,398 美元(負債項第 15 個會計科目)來計算帳面價值,並將這個數字除以流通在外股數。為了示範說明,假設這家公司的流通在外股數有 100 股,這意味著帳面價值(或是每股權益)會是「1 萬 8,398 美元∕100 股 = 183.98 美元」。這是非常需要了解的重要數字,因此在你還沒了解這個概念之前,請務必不要跳過。在每張損益表與資產負債表的底部,你會找到標示「流通在外股數」之處。

如果你已經徹底了解以上簡短的解釋,那麼你有一個很好的開始;如果你對第 7 章之後的詳細內容感到困惑,隨時回到這個簡短的章節重新閱讀,這個基礎非常重要。

現金流量表

「現金為王」。許多人在金融學與投資學聽過這句話,你可能想知道,為何這麼顯而易見的事情會引起如此大的關注。你很少聽到「我比較喜歡晴天,而非雨天」或「我寧可吃飽,也不要挨餓」的說法,很明顯地人們想要持有現金,那麼「現金為王」是什麼意思?

為了了解這個簡單的說法,來看看公司的現金流量表(詳見表 3-6)。同樣地,現金流量表看起來很複雜,但充分練習後就

表 3-6　企業的現金流量表

1	淨利	2,863
2	折舊	516
3	其他非現金項目	264
4	遞延所得稅	287
5	營運資金	-832
（1＋2＋3＋4＋5＝）6	營業活動現金流	3,098
7	不動產、廠房與設備投資淨值	-1,349
8	無形資產投資淨值	-214
9	企業淨值	86
10	投資淨值	-176
（7＋8＋9＋10＝）11	投資活動現金流	-1,653
12	發行普通股	98
13	購買庫藏股	-326
14	發放現金股利	-682
15	發行（償還）債券淨值	-120
（12＋13＋14＋15＝）16	籌資活動現金流	-1,030
（6＋11＋16＝）17	本期現金變化	415
18	期初現金與約當現金餘額	1,432
（17＋18＝）19	期末現金與約當現金餘額	1,847

單位：美元

會變得非常簡單。首先來看個人財務狀況。每個月雇主發薪水，也必須支付各種費用，這跟損益表並沒有太大差異。你必須支付

房子、衣服與食物的費用，通常用現金支付，這指的不是實體現金，而是可以全權使用的現金，例如銀行帳戶中的錢。你也可以將現金流量表視為某種實際可動用的現金流。

這也解釋了為什麼兩者會有重要的區別。如果你表示用信用卡，可以在沒有現金的情況下買到更大、更昂貴的商品，例如一台全新電視。假設電視價格是 2,000 美元，在接下來的 10 個月，你可能只需要每個月付出 200 美元。這表示家裡有價值 2,000 美元的東西，但在個人現金流量表上，下個月也只會扣除 200 美元。那麼你每個月的現金流量表，看起來就會像表 3-7。

表 3-7　個人財務的現金流量表

銀行帳戶現金（月初）	500
每月薪資	2,500
房子費用	-1,200
伙食費	-400
生日禮物	400
電視分期付款	-200
其他費用	-700
銀行帳戶現金（月底）	900

單位：美元

對任何公司而言，信用的考量也很重要。公司每天有大量的交易，不是獲得供應商的貸款，就是提供客戶貸款，如此一來才

能完成買賣，這就是你在損益表看到的情況。但是現金流會較晚發生，而這就是公司的現金流量表要告訴我們的情況。

雖然你可能有一份高薪工作，足以支付日常的開銷，但當耶誕節與假期來臨時，你可能會預算吃緊。公司的現金流量表也以相同方式運作：它們衡量公司的現金進出，因此公司總能追蹤目前擁有的現金流量，避免沒有現金付給債權人、員工或第三方的不幸情況。這就像你每到月底時，現金水位較低需要格外小心的情況並無不同——現金確實是每個人的王。

乍看之下，損益表和現金流量表非常類似，從很多方面來看確實沒錯，但關鍵在於，**損益表是隨時間經過賺取的獲利，現金流量表則是觀察現金隨著時間改變**。舉例來說，你的個人損益表顯示出你去年賺了 2 萬美元，而個人的現金流量表則會顯示過了 1 年之後，你的帳戶中還有 1,000 美元的餘額。我會在第 8 章對現金流量表有更詳細的說明。

股票投資人必懂的基本財報術語

當你開始學到更多會計相關的知識之後，你會很高興知道幾件事。正如前文說明的，財務報表由幾個獨立的部分所組成，當這些報表結合在一起，就形成了所謂的年報（10K）、季報（10Q）與當前財報（8K，不定期）。

要了解這一點,你必須知道政府要求上市公司必須繳交哪些報告。每家公司都必須繳交年報和季報,內容包括該段期間的主要財務資訊。一般來說,提供給股東的報告(通常放在閃亮的文件夾)不會比交給政府的報告詳盡,因此你要先閱讀公司提供給政府的報告。

- **年報**:指的是把去年進行的主要業務活動歸檔的年度帳戶名稱。在會計年度結束後的 60～90 天之內,每家公司都必須繳交年度結算,繳交時間取決於事業規模。年報通常涵蓋了公司背景,以及組織的使命與願景。年度結算包含組織、股權、員工權益、非控制權益(non-controlling interest)、子公司、公司面臨的任何法律問題、會計師、控制流程,以及高階經理人的薪資等各階層架構。

  主要的 3 份財報會詳列出會計附註、披露在資產負債表結算日期後可能會發生的情況等。政府機關和投資人很可能會對公司的年度結算感興趣,年報提供了有價值的詳細資訊,可以用來分析公司當前與未來的成長前景。

- **季報**:指的是公司每季的報告。這些報告很像年報,但只涵蓋前 1 季(或前 3 個月)資料。在會計季度結束後

的 40～45 天之內，公司必須繳交前一季的結算資料，繳交時間取決於事業規模。季報非常近似於年報，只是沒有那麼全面。

- **當前財報**：除了年報和季報，上市公司還需要繳交另一種形式的報告，用以說明任何可能影響公司財務狀況的重大事件，例如收購、合併或其他可能損害公司獲利能力的事件。重大事件還包括破產形式、出售子公司、董事會成員改變或財報的會計年度改變等，這些重大事件都可能會對公司獲利能力產生重大影響，因此公司必須在事件發生日的 4 天內繳交相關報告。

此時討論年報、季報與當前財報有什麼意義？嗯，這些財報非常重要，因為掌握了解決一個重要難題的關鍵，那就是「價值難題」（value puzzle）。

無論如何，身為股票投資人，最終目標是了解購買的每檔股票價值為何。你不會買下一間房子時卻不知這間房子的價值，那麼你為什麼會用不同方式買進 1 家公司呢？就像之前多次提及的，買下一股的公司股票，就像買下這家公司，當你想要買下一家公司時，你必須知道它的價值。閱讀這 3 份財務報表，將讓你了解一家公司真正價值，或是「內在價值」（intrinsic value）。

CHAPTER 4

價值投資的
原則與規則

巴菲特依照以下4大簡單原則投資：

1. 審慎的領導人。
2. 長期前景。
3. 公司具穩定性且易於了解。
4. 以撿便宜的價格買進。

巴菲特最大的優勢是「有能力把事情變簡單」。你可以發現他的原則簡單好記。閱讀本書時，請時時謹記這4大原則，確保投資在任何時間都能依照這4大原則是最重要的事。為了評估這4大原則，巴菲特從年報和季報中找出數據與質化資訊。就像你已經知道的，美國證券交易委員會（Security Exchange Commission）要求公司提供這些報告，並要求任何人都能取得。

當巴菲特為葛拉漢工作時，他學到用一種非常著重數學的方法來選股。雖然這是早期引領巴菲特的投資方法，但巴菲特的投資後來仍漸漸偏離了葛拉漢的教導。

我會提供一個框架讓你理解這些偏離的部分與每個原則的附屬規則。請記住，這套規則是要幫助你更清楚了解這4大主要原則。前3大原則有質化的特徵與一些數字，最後一個大原則奠基

在量化的特徵與數學上;同時,在運用這 4 大原則時,你會結合藝術家的觀點與工程師的事實證據,你的成功將很大程度地受惠於這兩者。

原則 1:審慎的領導人

這個大原則有 4 個小規則,可以幫助你辨別一家公司是否由審慎的領導人所管理。儘管存在很多其他因素,不過這些規則還是能用來作為總體評估的起點:

規則 1:低債務

規則 2:高流動比率

規則 3:強勁且穩定的股東權益報酬率(Return On Equity,ROE)

規則 4:適當激勵管理階層的措施

想像一下,你每天都搭計程車上班。你可以選擇一直維持在速限內駕駛的司機,或是選擇闖紅燈和抄近路的司機。你會選擇誰?我承認後者很讓人興奮和激動,但我永遠會選擇前者。我希望司機和我擁有同樣的利益,在這種情況下,前者的司機才是能

確保我安全的代理人。

巴菲特對管理階層也有相同的看法。他知道管理階層是業主（或股東）的代理人，這個代理人應該總是為業主（或股東）的利益而工作，利益指的是用業主（或股東）投資的資金賺到最大化的錢。巴菲特也知道，審慎的領導人會永遠注意風險。

事實上，多數的管理階層行事並非以業主利益為出發點，有時他們更專注在讓自己得到最多錢，而不是讓股東報酬最大化。其他的情況，是管理階層試圖使股東報酬最大化，但這麼做必須承擔很高的風險。最後，許多經理人只是想利用股東保留盈餘來讓自己的「帝國」壯大。企業規模愈大，他們就更有威信（至少他們是如此想的）。對身為股東的你來說，這些情況只創造了少許價值。在這個原則最後，我們會提供一些規則，來幫助你辨識並避免遇到這類管理階層。

規則 1》低債務

債務就像踩下汽車油門，如果前方道路暢通，就會加速到達目的地；但若道路崎嶇顛簸，你很快就會發現自己陷入困境。

企業舉債投資和個人貸款相同。舉例來說，你可以用儲蓄買車，或舉債買車，後者很誘人，因為你能買下更昂貴的車款；買房更明顯，多數人無法用現金買房，而債務是一種簡單又有效的

工具,可以讓你更快達到目的。只要你有穩定收入能償還房貸,應該很容易獲得貸款。

只要有做好採取預防措施,加速累積個人財富並沒有什麼問題。重點是,當你遇到崎嶇和顛簸的道路時,就會出現問題。儘管我們不喜歡這一點,但不時就會發生這種悲慘情況——失去工作,或生病。很多屋主在發現自己處於這種不幸情況時,才會明白擁有最低債務擔保品有多重要。

股票投資的情況也一樣。當你買進一家債務很多的股票,而管理階層已決定要加速衝刺時,它們需要擁有一個特定的資產,以賺取更多業務或保持產業競爭力。當你持有這家公司股票,你就擁有了該公司一小部分的資產。假使這些資產是用債務融資買進的,就表示你的資產是用其他人的錢買的。這讓公司得以收購更多資產,在景氣好時,這是一件好事;然而,如果需求下降或是競爭加劇,就會增加公司風險。

關於債務,你可以用在特定航道上的船來思考。大量債務就彷彿是一艘郵輪或油輪,少量債務則像是小型快艇。如果兩者都往相同方向和速度行駛,突然進入淺水區時,試想一下兩位船長在嘗試越過障礙物時所面臨的彈性選擇。前者顯然很遲鈍、反應緩慢,它的路徑固定,幾乎沒有調整空間;而快艇則可以迅速改變路線,繼續朝向不同方向前進。你可以看到,我們正試著找尋如後者般的公司,我們希望擁有的,是前進時靈活、適應力強的

公司。如你所知，公司業務競爭激烈，前方的道路曲折且不斷改變，若不夠敏捷，公司就無法長久經營。

就所有指標而言，最重要的指標是「避開負債累累的公司」。投資上，用來衡量這個風險的其中一項工具是「負債權益比」（Debt to Equity Ratio），這個比率非常易懂與容易應用。首先，要來計算個人目前的負債權益比。這個練習類似第 3 章的練習，請拿出 1 張紙，在中間畫出 1 條線，把紙分成兩邊，並在右邊列出所有債務，例如：

- **房子**：20 萬美元（請確認只列出剩下的貸款）。
- **汽車**：1 萬美元。
- **家具**：2,000 美元。

然後在左邊列出擁有的東西。確認每件東西的公平市場價格，例如房子價值 30 萬美元，但電視只值 50 美元。不需要詳細列出所有東西，只需要列出高價品就好。

完成左右的條列之後，把兩邊的價值分別加總寫在底下。在紙的左邊是資產；右邊則是負債。為了算出你的權益，你必須將這 2 個數字相減。也就是說，假設你有 35 萬美元的資產（左

邊）與 25 萬美元的負債（右邊），兩者相減後是 10 萬美元，這就是你的權益，意即當你賣掉所有資產並清償所有欠款後，最後所剩下的部分。

要計算負債權益比時，只需要將負債（右邊）除以你剛算出的權益數字（10 萬美元）。以此例來說，兩者相除是「25 萬美元／10 萬美元」，得出負債權益比為 2.5。

當你直覺了解這個數字的重要性時，請試著用不同數字代入負債這個變數，看看比率會如何改變。例如，若你的負債非常低，那這個數字會趨近於 0；若負債非常高，這個數字也會隨之變高。到頭來，它只是個倍數，若你的負債是 20 萬美元，而權益是 10 萬美元，很快地可以算出你的債務是權益的 2 倍，也就是負債權益比是 2。

巴菲特偏好負債權益比低於 0.5 的公司。我建議你在剛開始投資時，選擇低負債的公司，在逐漸熟悉投資之後，你也許願意承擔更多風險，再將負債稍多的公司納入投資組合。畢竟最終你還是得自己承擔所有決策風險，所以要明智地做出選擇。

要注意的是，就跟所有比率一樣，這只是經驗法則。有些產業的特性是低負債權益比；而以負債為核心商品的銀行業，負債權益比通常較高。因此你應該考量個別產業的正常債務水準。

重要的是，要了解一家公司不應該以沒有債務為目標──這

件事很少被當成目標。公司的目標是隨時靈活地納入好計畫，禁得起市場任何挑戰。當公司的負債權益比維持在 0.5 以下時，通常可以做到。

規則 2》高流動比率

你是否發現自己每到月底就會現金不足？如果是，其實你並不孤單。很多高所得的人只能勉強維持收支兩平，其實問題並不是賺了多少錢，而是花了多少錢。

即使是高獲利的公司，也會面臨相同挑戰。商品也許很棒，而且有很大的市場需求，但公司似乎總是缺少現金，這個問題很可能是「流動比率」（Current Ratio）太低。

第 3 章介紹了資產負債表的「資產」和「負債」。「資產」是公司擁有的東西，「負債」則是公司欠下的東西。當我們討論「流動資產」時，是指預期在 12 個月內可以變現的東西，可能是下次訂單來時，出售的庫存商品；而「流動負債」則是指在 12 個月內必須付出的費用，可能是公司從供應商那裡收到、但尚未付款的原物料。

比較「流動資產」和「流動負債」時，事實上是在查看流動比率。這個公式非常簡單：

流動比率＝流動資產／流動負債

巴菲特偏好流動比率超過 1.5 的公司，這意味著他想要公司在未來 12 個月，每承擔 1 元的負債，就必須收到 1.5 元的資產。這個想法很簡單：如果 1 家公司收到的現金總是比付出的錢還多，公司就有能力隨時償還短期債務。

分析年報時，當你看到高流動比率，一般是公司體質穩健的訊號；如果這個比率低於 1，通常表示公司必須取得新債務來償還現有債務，這只會讓問題延後而且愈滾愈大。

綜合以上所述，很難對流動比率做出嚴格規定。對大多數公司而言，流動比率在 1.5～2.5 之間最為理想。較低的流動比率，表示公司也許在償還短期債務上有困難；而過高的流動比率則顯示公司資金管理不佳，無法從供應商收到款項。如同大多數的事物一樣，過猶不及，取得平衡才是理想狀況。

規則 3》強勁且穩定的股東權益報酬率

你善於呈現美好的第一印象嗎？遇到新朋友時，你會微笑並大力地握手嗎？一家公司給人的第一印象就是「股東權益報酬率」，如同第一印象可以讓人迅速知道你是誰一樣，股東權益報酬率能讓你快速判斷是否應該投資這家公司。

第 3 章介紹過「淨利」，指的是一家公司某年的獲利；我也介紹過公司的股東權益，意即「資產減去負債」，而這兩個數字，就是股東權益報酬率的公式基礎：

股東權益報酬率＝淨利／股東權益

假設你有機會可以買進印鈔機，擁有這台機器的成本是 10 萬美元；這台機器每年可以印出價值 1 萬美元的現金，這就表示投資這台印鈔機的股東權益報酬率是 10%——機器的成本是你的權益，而印鈔的獲利就是你的淨利，真的就是這麼簡單。你觀察股票時，你也必須用相同標準來看。

讓我們更詳細地說明這個例子：假設有另一個機會買進第 2 台印鈔機，擁有第 2 台印鈔機的成本是 20 萬美元。與第 1 台印鈔機一樣，第 2 台印鈔機每年可以印出價值 1 萬美元現金。那麼買進第 2 台印鈔機的股東權益報酬率是多少？

股東權益報酬率

＝淨利／股東權益

＝（1 萬美元＋1 萬美元）／（10 萬美元＋20 萬美元）

= 2 萬美元／30 萬美元

= 6.7%

這非常重要。我們會發現，在決定買進第 2 台印鈔機之後，股東權益報酬率從 10% 下降到 6.7%，與既有的資產相比，這個決定讓公司的績效變差了。

為了說明這個重點，讓我們回到買進第 2 台印鈔機。如果不是買進第 2 台印鈔機，而是以更有競爭力的報價買進 1 個熱狗攤，成本是 5 萬美元，而這個熱狗攤每年會產生 1 萬美元的獲利。在買的是熱狗攤而非第 2 台印鈔機的假設下，股東權益報酬率會是多少？

股東權益報酬率

= 淨利／股東權益

=（1 萬美元＋1 萬美元）／（10 萬美元＋5 萬美元）

= 2 萬美元／15 萬美元

= 13.3%

仔細研究這兩個選擇，可以看到第 1 個選擇（2 台印鈔機）會產生 2 萬美元獲利，而第 2 個選擇（1 台印鈔機與 1 個熱狗攤）也會產生 2 萬美元獲利。雖然獲利相同，但第 2 個選擇更好，因為在相同獲利之下，後者成本比較低。從管理角度來看，第 2 個選擇顯然更有效率。

簡而言之，以一半的權益就能創造相同獲利，這是一件了不起的事，這表示可以少動用 15 萬美元，而這筆額外的現金可以用來買下更多資產，例如用 15 萬元再買 3 個熱狗攤。思考一下這對股東權益報酬率產生的影響。

正如你所看到的，股東權益報酬率非常重要，因為它有效證明了管理階層將事業獲利再投資的能力。大部分公司都會保留多數獲利並再投資，你會發現股東權益報酬率是評估股票表現的最重要數據之一。可想而之，股東權益報酬率也是巴菲特最喜歡的數據。

一般來說，你應該找近 10 年來股東權益報酬率始終維持在 8% 以上的公司。儘管在會計學上很難提供更多經驗法則，但高於 8% 的股東權益報酬率，通常表示該公司一直在運用管理階層所保留的盈餘，以創造可觀的獲利。

不幸的是，光是檢查股東權益報酬率是否高於或低於 8% 並不足夠。一方面，你應該篩選出在過去 8～10 年股東權益報酬

率一直很穩定、甚至增加的公司,重點是公司不停地創造獲利,且保留全部或部分的資金用在未來投資。這會增加股東權益,而且數字會呈現在公式的分母上。

另一方面,如果該公司將保留盈餘用在投資之後,卻沒有賺到等比例的較高收入,股東權益報酬率就會下降,這就是為什麼巴菲特如此重視這個關鍵比率的原因。

巴菲特掌握了公司在使用股東資金的各個層面,這筆錢要用在買新設備,或是為了購併競爭對手而花大錢都沒關係,但為了維持穩定的股東權益報酬率,淨利必須要有一定的投資水準。

也就是說,**你仍然要把 8% 視為一般基準,但不同產業認定的股東權益報酬率的理想標準各有差異**。在保險業,穩定維持在 8% 或許很不錯,但對資訊科技產業而言可能不夠。因此,在檢查「趨勢」之後應該要比較「產業狀況」。

股東權益報酬率這個指標之所以有效,背後主要動力是公司的融資結構。請回想一下第 3 章,一家公司可以透過股東權益、債務,或結合兩者進行融資;你應該還記得,對負債權益比高於 0.5 的公司要很謹慎。如果找不到負債最少的公司,你可能會發現自己深陷於股東權益報酬率的迷思之中。

從表 4-1 中可以看到,你應該一面關注股東權益報酬率的價值與趨勢,一面關注融資結構(或是負債權益比)。你可能會懷

表 4-1　負債權益比股東權益報酬率

權益	100	90	80	70	66.6	60	50	40	30	20	10
負債	0	10	20	30	33.3	40	50	60	70	80	90
盈餘	10	10	10	10	10	10	10	10	10	10	10
負債權益比	0.00	0.11	0.25	0.43	0.50	0.67	1.00	1.50	2.33	4.00	9.00
股東權益報酬率(%)	10.0	11.1	12.5	14.3	15.0	16.7	20.0	25.0	33.3	50.0	100.0

單位：美元

疑哪個數字比較重要，這個問題的答案是「一樣重要」：把負債視為衡量風險的標準，並把股東權益報酬率視為報酬的標準。巴菲特的老師葛拉漢始終堅持，**不要被有安全疑慮的高報酬吸引**；或是換句話說，**首重管理風險（即負債權益比），然後根據收益（即股東權益報酬率）考慮其他選擇**。藉由選擇過去負債權益比低於 0.5 的公司，你會得到股東權益報酬率較低的公司，然然未來可能更得以永續發展。

　　接下來也會持續看到論及公司真正的表現時，股東權益報酬率等會計比率會受到很大的扭曲，因此重要的是要觀察「長期歷史趨勢」，這會讓你取得更可信的業績資料，單看一年的股東權益報酬率容易受到誤導。對你而言，**關鍵是要了解淨利（或獲利）與股東權益的組成方式**。當你做到這一點，股東權益報酬率就是很好的指標。

規則 4》適當激勵管理階層的措施

體育明星和股市投資人有什麼共通點？那就是兩者都需要值得信賴的代理人才能成功。想像某位體育明星收到的草擬合約如下：「代理人會收到合約的 10% 作為薪資」。

如果體育明星的代理人可以在高薪合約和低薪合約之間選擇，你預期會發生什麼事？對經紀人來說，與提供高薪的球隊簽約，還是與好球隊簽約比較重要呢？

你猜對了！如果這個體育明星沒有密切注意經紀人的行為，經紀人也許會基於自己的利益行動，而非考量體育明星的利益。在金融界與投資界，我們稱之為「代理人問題」（principal agent problem）。身為投資人，你是委託人，你想要管理階層（即你的經紀人）在經手業務時以你的利益來行動。

這聽起來並不容易。在企業界，經理人是公司的管理階層，體育明星則是你這個股東。公司的管理階層正在為你工作，就是這麼簡單。你僱用他們來經營你的事業，也許你沒有親自聘僱他們，但若你有足夠股份或許就有能力成為董事長。

當所有股東齊聚一堂時，可以為公司業務做出任何決定。但因為這點難以達成，所以股東會推舉董事來代表自己。這個代表股東的組織就是「董事會」，董事會代表所有業主（或股東）的利益與想法。

董事長是董事會的最高領導者。如果你不喜歡公司做出某個決定，你就必須與董事會成員協調；反之，董事會關注被聘僱來經營事業的管理階層（即執行長與員工）。最後，永遠不要忘記你是最上位的人，是公司的股東，也就是委託人。

　　研究這種關係時，可以很快看到各種不同利益在同時運作。管理階層（或是說經理人）顯然想要為股東賺錢，但有其他事情並行著，例如執行長想要擴大「他的」帝國，這也許會導致他決定發起全新而昂貴的購併。與擴大業務規模所需的資金相比，這只會為股東創造非常少的價值。

　　身為投資人，你該怎麼做？身為局外人，你要怎麼看到公司內部發生的事？有時事情超乎你的權限範圍，你可能在財報或新聞報導上看到令人不安的趨勢，然而你挖掘資訊的自身意願，可以讓你更加了解情況，也有能力理解（間接）僱用的管理階層。

　　查看管理階層的薪資待遇是很好的起點。高階經理人很少只有本薪，幾乎所有高階經理人都會得到本薪加上一些分紅。只要薪資待遇確實能衡量績效，並激勵未來業績表現，這種做法沒什麼不對。可悲的是，有時並非如此。

　　傳統的薪資待遇會與股價的表現連動。然而，短期股價幾乎是隨機波動，沒有人能預測單一公司在幾個月內的股價狀況。**空頭市場（熊市）會懲罰最好的經理人，而多頭市場（牛市）也會**

獎勵最糟的經理人。

另一個更嚴重的問題是，**根據股價表現連動的薪資待遇，可能會以錯誤方式激勵管理階層**，他們不會老實地以經理人身份來做事。短期而言，管理階層的確可以做很多事提高股價，但並非對股東有利。確實如此，因為人為因素所導致的股價上漲對身為投資人的你並不好（假設你想要像巴菲特長期持有投資標的）。短期利用人為誇大盈餘的管理階層，總是會導致長期（相對）較低的盈餘，這就是所謂的「作帳」。

如果管理階層只專注股價，即使沒有好的投資計畫，管理階層也會保留所有盈餘而不支付股利。記得一件事，當支付股利後，公司現金變少，股東權益或淨值會因此下降。

綜上所述，當管理階層受到不適當的激勵時，還有可能會發生，他們會開始關注市場的心態，這表示他們會宣稱並做出極短視且高風險的決策，最經典的例子是為公司盈餘設定不切實際的目標。市場短期會獎勵野心勃勃的目標，但當不切實際變得顯而易見時，市場就會懲罰他們。

假使管理階層從股價短期上漲得到獎勵，他就有動機去做任何可以增加公司盈餘的事情。但是，如果股價是衡量管理階層表現的不良指標，甚至會提供錯誤的激勵，為什麼有這麼多管理階層的薪資待遇會以這種短視的方式構成？

答案其實很簡單：股價是一個單純而透明的衡量標準。制定薪資待遇和政策的董事會，通常由股東組成，有時這些股東本身就目光短淺。

要如何找出衡量績效的理想工具與方法，來驗證一家公司是否有信賴的管理階層能為你工作呢？

首先要做的是查看年報的附註。會計規則宣布必須披露管理階層的薪水，有些公司會盡其所能地扭曲相關資訊，你絕對不會想投資這些公司；相反地，值得信賴的公司和管理團隊會超越這個標準，並揭露薪資待遇結構。你希望一家公司能披露基本工資與變動薪資內容，以及衡量管理階層的指標為何。顯然地，你無法期望公司會透露某經理人的基本年薪是 50 萬美元，而且如果他在隔年年底增加銷售 2,000 個單位，就能額外得到 30 萬美元──這種特定資訊需要被歸類，而且理應如此。

但你可以期望一個擁有高度誠信、值得信賴的管理階層，會披露提供給管理階層的激勵措施，且這些措施與身為股東的你利益一致。這意味著在業績表現和長期目標的基礎之上，經理人應該最先得到回報。

經理人理應只基於個人付出得到獎勵，對大多數的經理人來說，這包括獎勵特定的部門，只有最高階經理人可以獲得整個組織的績效獎勵；此外，你也應該找出符合長期目標的績效獎勵。

身為一個擁有長期目標的投資人與股東，你想要經理人與你有一致的目標，舉例來說，你應該尋找有各種具體目標的長期藍圖。

這是了解任何組織的重點。如果你想要長期持有一家公司（我強烈建議），應該要了解管理團隊的相關標準與程序，你將會很訝異不同公司的差異竟如此之大。

總結》審慎的領導人應有的表現

1. 負債權益比最好低於 0.5。負債甚至會毀壞最好的企業，因為它會限制企業的彈性與應變能力。
2. 為了保持彈性，你應該確保公司得到的現金比花掉的現金還要多，這可以用流動比率衡量，該數值至少要有 1.5。
3. 審慎的領導人會追求穩定的股東權益報酬率，近 10 年來保持 8% 以上的數字是良好管理的強力指標。
4. 管理層是股東的代理人。他們唯一的任務就是為股東投資的資金提供最大的價值，確保他們有適當的激勵動機。

原則 2：長期前景

接下來的原則有 2 個小規則：

規則 1：永久性商品。

規則 2：降低稅負。

就某種意義來說，氣象學家、投資人與算命師都屬於同產業：他們都試圖預測未來。一般股票投資人的目標是確認某個特定商品的需求會如何發展，更為大膽者（如高科技產業的投資人）甚至試著確認尚無法購買的創新商品需求與市場潛力。

價值投資人或許比較實際，但目標是一樣的，他們也想知道未來哪些商品會大賣，然而，他們更重視公司目前的獲利能力；接著，運用未來幾年潛在盈餘，確認長期預估投資報酬率。理由很簡單：價值投資人會終其一生持有穩健的傑出公司，來繳納最少的稅負。

規則 1》永久性的商品

你有智慧型手機嗎？如果有，你是用 iPhone 或是 Android ？這個答案沒那麼重要，但這問題很重要。當未來某年，或許 iPhone 與 Android 都已停止生產。再更遠的未來某個時候，有人甚至會疑惑什麼是智慧型手機──這就是此規則的真正意義。

身為一個價值投資人，你不會想要一直進出股票市場，正如將要討論的下一個規則。在短期思維下，稅負和手續費都會變得

太過昂貴；相反地，你想要投資「永久性」商品，這項商品在未來 30 年都不會改變。

回到智慧型手機例子，30 年後的消費者，不太可能繼續使用現今所知的智慧型手機，這不是說蘋果（Apple）公司在未來無法持續成為有利可圖的創新公司，只是比起其他商品，像 iPhone 這樣的科技商品更難以預測。基於此看法，我對有著長期風險的高科技股票與企業抱持懷疑態度。

葛拉漢不斷向學生強調，投機仰賴未來結果的改變，但投資絕非如此。因此，當蘋果公司思考未來獲利時，無庸置疑地必須仰賴開發新科技與商品的能力；但像可口可樂（Coca-Cola）這樣的公司，就不會仰賴那些未來會改變的商品。這就是葛拉漢真正的意思。

我無法提供任何工具讓你預測 30 年之後，人們會使用哪些商品，我能做的只是提供巴菲特避免持有的投資標的原則——就只有這樣。

現在來看，這個原則可能太過簡單，以至於無法抓住所有商品的未來需求。然而訊息很明確，那就是讓價值投資人感興趣的是不因科技而改變的永久性商品。為了展現此威力，來看看可口可樂公司：人們喝可口可樂已經超過 1 個世紀，開始喝可口可樂的時間，還早於蘋果發明 iPhone 與英特爾（Intel）生產晶片。

而我肯定，當 iPhone 過時、晶片被更先進商品取代時，我們仍會喝著可口可樂。

廣義來說，科技從未改變喝可樂或汽水的方式，人們喜歡糖分，而且會繼續攝取下去。這與股市無關，只是一個生物學事實。可能有很多原因讓你不想買可口可樂的股票，但我可以確保，在沒有長期前景的商品中，汽水絕非其中一員。

在考慮任何新投資時，商品的需求或用途是否會被科技輕易改變，是投資人應該著眼之處。如果可以，應該考慮其他投資標的，或是選擇承擔相關風險，並為後果和報酬做好準備。舉例來說，人們需要連繫交流，過去寫信，也曾使用電報，沒有任何理由未來的交流會減少。然而，這種交流是否會在蘋果的不同產品上持續進行則不得而知。價值投資與尋找可預測、具有長期前景的商品息息相關。一個已經存在 30 年、而且預期至少還會存在 30 年的商品，就是尋找價值型公司的良好起點。

規則 2：降低稅負

你知道致富公式嗎？這不是有錢人才知道的祕密公式。公式的一邊是「讓所得最大化」，賺到愈多錢，就可以投入更多錢在未來的投資與消費上。我們往往會過度考量公式的這一邊，但公式的另一邊不只是重要，將其視為更重要也不為過，那就是「將支出降到最低」。

我指的不是出門關燈，或選擇搭公車而非開車，而是個人理財中最大的一項支出：稅負。很少人注意到這一點，因為他們只看薪資單最下方的總額，但稅負卻是每個家庭的主要支出之一。

　　就投資而言，為了達到獲利最大化，稅負也是必須考量的問題。如果你跟我一樣，那麼你的價值投資目標，就是創造既定工作之外的新收入來源。盡可能地減低稅負，可以間接地增進投資報酬。幸運的是，要讓資本利得稅降到最低非常容易。

　　表 4-2 列出了 2014 年美國稅負級距與類型。如果你不是美國納稅人，也不用擔心，這個例子適用於任何投資者。大多數國家的稅收制度與美國極為相似，它獎勵長期投資的價值投資者，並懲罰那些沒有創造價值、只想快速賺錢的當沖交易者。

表 4-2　2014 年的美國個人短期與長期資本利得稅

一般所得級距（美元）	短期資本利得稅（％）	長期資本利得稅與股利稅
0～9,075	10%	0%
9,076～3 萬 6,900	15%	0%
3 萬 6,901～8 萬 9,350	25%	15%
8 萬 9,351～18 萬 6,350	28%	15%
18 萬 6,351～40 萬 5,100	33%	15%
40 萬 5,101～40 萬 6,750	35%	15%
40 萬 6,751 以上	39.6%	20%

「短期資本利得」指的是持有投資標的期間少於 1 年。資本利得稅取決於所得稅率。舉例來說，所得是 10 萬美元，當你有短期資本利得時，你必須繳交 28% 的稅；不過，若你持有股票超過 1 年，就只需要為資本利得支付 15% 的稅。比起一般投資人，稅收制度對價值投資者有利，如果你想知道巴菲特為何永久持有股票的原因，這就是解答。

除了較低的稅率，你還必須知道，只有在決定賣出股票時才要繳稅。假設你持有某檔股票 20 年，股票價值不僅在沒有個人所得稅的影響下每年複利成長，你只要在 20 年後決定賣出部位時繳稅；相反地，同樣的 20 年期間，假設買進大量不同的股票，持有不到 1 年就賣出投資部位，那麼你每年都必須負擔高稅率支出。

用例子來說明稅負的影響：表 4-3 顯示了 5 萬美元的投資標的將如何在 20 年中複利成長。假設本金以每年 10% 的幅度穩定成長，當投資期間結束時，投資人只要繳稅 1 次，也就是被課徵成長資本利得的 15%，稅後獲利為 29 萬 3,419 美元。

假設投資報酬率同為 10%，在表 4-4 中，你會看到某當沖交易者在 28% 稅負級距下的經歷。因為他一直買賣不同股票，每年都要為了短期資本利得而繳稅。有趣的是，他從股票最終獲得的報酬，與價值投資人獲得的報酬率相當（每年 10%），但因為要繳稅，導致最終報酬大幅減少。

表 4-3　投入 5 萬美元在投報率 10% 標的,並持有 20 年

時間	投資本金＋利得（美元）	時間	投資本金＋利得（美元）
第 1 年	5 萬 5,000	第 11 年	14 萬 2,656
第 2 年	6 萬 500	第 12 年	15 萬 6,921
第 3 年	6 萬 6,550	第 13 年	17 萬 2,614
第 4 年	7 萬 3,205	第 14 年	18 萬 9,875
第 5 年	8 萬 526	第 15 年	20 萬 8,862
第 6 年	8 萬 8,578	第 16 年	22 萬 9,749
第 7 年	9 萬 7,436	第 17 年	25 萬 2,724
第 8 年	10 萬 7,179	第 18 年	27 萬 7,996
第 9 年	11 萬 7,897	第 19 年	30 萬 5,795
第 10 年	12 萬 9,687	第 20 年	33 萬 6,375

稅前獲利：33 萬 6,375 美元
最終稅後獲利（稅率 15%）：29 萬 3,419 美元
繳交的稅負總額：4 萬 2,956 美元

表 4-4　投入 5 萬美元在投報率 10% 標的,並每年賣出

時間	投資本金＋利得（美元）	時間	投資本金＋利得（美元）
第 1 年	5 萬 3,600	第 11 年	10 萬 7,427
第 2 年	5 萬 7,459	第 12 年	11 萬 5,162
第 3 年	6 萬 1,596	第 13 年	12 萬 3,453
第 4 年	6 萬 6,031	第 14 年	13 萬 2,342
第 5 年	7 萬 785	第 15 年	14 萬 1,870
第 6 年	7 萬 5,882	第 16 年	15 萬 2,085
第 7 年	8 萬 1,345	第 17 年	16 萬 3,035
第 8 年	8 萬 7,202	第 18 年	17 萬 4,774
第 9 年	9 萬 3,481	第 19 年	18 萬 7,357
第 10 年	10 萬 212	第 20 年	20 萬 847

最終稅後獲利（稅率 28%）：20 萬 847 美元
繳交的稅負總額：5 萬 8,663 美元

表 4-5　長期投資 vs. 短期投資的獲利

比較項目	採取長期持有策略	採取短期買賣策略
稅率	15%	28%
稅後獲利	29 萬 3,419 美元	20 萬 847 美元
繳交的稅負總額	4 萬 2,956 美元	5 萬 8,663 美元

　　表 4-5 是價值投資人與當沖交易人的績效比較。真正有趣的是，兩者繳交的稅並沒有太大差別，當沖交易人只比價值投資人多繳了 1 萬 5,707 美元。儘管如此，價值投資人最後卻比當沖交易人多賺了 9 萬 2,572 美元。如你所見，每年的稅負支出使得複利效果大打折扣，結果當沖交易人為了很少的獲利支付更高的稅，並且還做更多工作。

　　這個例子展現了巴菲特第 2 大投資原則的威力——投資長期前景的公司，可以在最少稅負之下，維持最多的投資報酬。

總結：公司必須擁有長遠眼光

1. 巴菲特第 2 個投資原則的關鍵是商品與服務持續有市場需求，他偏好持有的期間是「永遠」。
2. 「稅負」是投資人最大的支出之一。在政府得到稅收之前，讓你的投資以複利長期成長，你將會因為相對高的報酬以及相對低的稅負而獲得回報。

原則 3：公司具穩定性且易於了解

規則 1：從業主收益（owner's earning）產生穩定的帳面價值成長。

規則 2：持續的競爭優勢（護城河）。

如果你認為巴菲特是藉著擁有過去未曾見過的新奇公司而致富，只要看看他的投資組合，就會知道這個看法是錯的。

根據巴菲特的說法，他的策略有個關鍵要素，那就是只投資在穩定且易於了解的公司。如果一家公司不穩定，巴菲特就無法減少自己的投資風險，也難以適當評估公司的價值；如果他不了解這家公司，也無法確定該公司的現在與未來是否能夠獲利。**事實上，「投資穩定的公司」可能是葛拉漢教導巴菲特將投資風險降到最低的最重要原則。**

除了尋找穩定的公司，巴菲特還提出要留在「能力圈」（circle of competence）的想法。巴菲特明白世界上有很多他根本不了解的企業，因此他選擇留在能力圈中，也就是只做自己擅長的事。就這個意義而言，只要你堅持留在熟知領域，無論是了解 10 家或 1,000 家公司與產業都無妨。正如巴菲特所言：「在奧運上，如果你擅長 100 公尺賽跑，那就不用參加鉛球比賽。」

最終，你還是必須了解投資的公司，否則會不知道何時是再次買賣股票的時機。一旦你了解公司，就會知道獲利基本面，進而明白公司競爭優勢。

規則 1：從業主收益產生穩定的帳面價值成長

我喜歡閱讀關於今年「必備」新科技產品的文章。每年都有全新的創新公司出現，實在令人驚豔。有趣的是，在閱讀相關文章之前，我通常沒聽過那些公司，而且很少再聽到它們的消息。新奇、有趣的公司往往很不穩定，若你想要遵循巴菲特的簡單投資原則，就應該尋找具有穩定性的公司。

那麼，要如何衡量一檔股票穩不穩定呢？以最簡單的方式來看，**建議觀察「帳面價值」與「每股盈餘」（EPS）是否穩定且持續地成長**。除了巴菲特認為帳面價值與內在價值的變化相近，也因為他還解釋了投資的 2 個重要層面——帳面價值的成長來自盈餘，以及業主收益的重要性。

首先來看盈餘帶動帳面價值的例子。你可能還記得，公司的股東權益（或是說帳面價值）其實是股東的。公司應致力增加股東的財富，這意味著公司必須增加資產或減少負債。這些變化必定來自盈餘。

假設你開了一家三明治店，資金是自己的 1,000 美元，以及

向銀行借的 500 美元，那麼你的資產負債表在年初時就會像表 4-6 一樣。

表 4-6　三明治店的期初資產負債表

資產	1,500 美元	股東權益	1,000 美元
		負債	500 美元

$$\begin{array}{rr} 資產 & 1,500\ 美元 \\ -負債 & 500\ 美元 \\ \hline 股東權益 & 1,000\ 美元 \end{array}$$

由於三明治非常美味，到了年底時，得到 100 美元的獲利。這 100 美元可以用來買新資產（例如新冰箱），或用來償還銀行債務。

來看看在不同情況下會發生什麼事：如果你將 100 美元買新資產，從表 4-7 中可以看到，100 美元被加進資產，增加業主收益，並反映在股東權益上。

表 4-7　三明治店獲利用以買入新資產的資產負債表

資產	1,600 美元	股東權益	1,100 美元
		負債	500 美元

$$\begin{array}{rr} 資產 & 1,600\ 美元 \\ -負債 & 500\ 美元 \\ \hline 股東權益 & 1,100\ 美元 \end{array}$$

相較於購買新資產，你也可以選擇償還 500 美元的負債。假設你選擇把 100 美元用來償還負債，那麼你的資產負債表看起來就會像表 4-8。從三明治店這個例子可以看到，如果想要增加股東權益，公司必定要增加盈餘，無論將這些盈餘用來購買冰箱等資產，或是用來償還部分銀行貸款，全都會反映在股東權益上。

表 4-8　三明治店償還部分負債的資產負債表

資產	1,500 美元	股東權益	1,100 美元
		負債	400 美元

```
        資產      1,500 美元
       －負債       400 美元
       ─────────────────────
        股東權益   1,100 美元
```

最後用一個例子來說明支付股利會如何影響業主收益。股利是所得的一部分，並以現金支付的形式還給業主。假設 100 美元中有 25 美元是要付給業主的股利，剩下 75 美元持續存在公司的現金帳戶，那麼當你觀察資產負債表時，就會像表 4-9 一樣，呈現了業主收益的運用方式。

於此，原來的 100 美元中，有 25 美元以現金股利發放給業主，剩下的 75 美元則是為了未來的業績成長而留在公司，如果聰明運用，也許能成為業主收益。當你想知道如何聰明地使用

表 4-9　三明治店獲利部分用以支付股利的資產負債表

資產	1,575 美元	股東權益	1,075 美元
		負債	500 美元

$$
\begin{array}{rl}
資產 & 1{,}575\ 美元 \\
-負債 & 500\ 美元 \\
\hline
股東權益 & 1{,}075\ 美元
\end{array}
$$

保留盈餘（75 美元）時，只要查看公司過去的股東權益報酬率（Return on Equity，ROE），就能使你對管理階層用保留的資金做了哪些事情有更清楚的概念。找到一家多年來被證明有穩定的獲利能力、帳面價值成長，以及股東權益報酬率穩定且可觀的公司非常重要。

讓我們回到三明治店的情境（表 4-6），並看看是否符合巴菲特的穩定性原則。在這個例子中，我決定把三明治店分割成 100 股，因此每股帳面價值為 10 美元（= 1,000 美元／100 股）。請記住，每股帳面價值就等同於每股權益。我認為公司會適當地將保留盈餘進行再投資，因此獲利會持續成長；隨著時間經過，這種獲利成長（或盈餘成長）會反映出每股盈餘的穩定成長——**這非常重要，如果公司把盈餘保留下來（反映在帳面價值的成長），未來的盈餘理當成長（反映在每股盈餘的成長）**。

有一種快速又簡便的方法能夠檢查是否發生這種情況，並確

保股東權益報酬率依然穩定，甚至成長。仔細觀察表 4-10，你會發現股東權益報酬率持續隨著穩定的帳面價值與每股盈餘而等比率成長。回想一下，股東權益報酬率是業主從公司保留的資本中所獲得的報酬，因此投資人會希望數字一致且穩定。

若把表 4-10 的數字做成圖表，會看到 10 年來的數字幾乎是一條完美的趨勢線（詳見圖 4-1）。這確實是價值投資人在尋找的標的，因為股票穩定，因此價值投資人有更好的機會，得以運

表 4-10　EPS 與帳面價值成長，將可帶動 ROE

時間	每股盈餘（美元）	股利（美元）	帳面價值（美元）	股東權益報酬率（%）
現在	—	—	10.00	—
第 1 年	1.0	0.20	10.80	9.3
第 2 年	1.2	0.22	11.78	10.2
第 3 年	1.4	0.24	12.94	10.8
第 4 年	1.5	0.26	14.18	10.6
第 5 年	1.5	0.28	15.40	9.7
第 6 年	1.7	0.30	16.80	10.1
第 7 年	1.8	0.32	18.28	9.8
第 8 年	2.1	0.34	20.04	10.5
第 9 年	2.1	0.36	21.78	9.6
第 10 年	2.4	0.38	23.80	10.1
合計	16.7	2.90	—	—
業主收益	—	—	13.80	—

用趨勢線來預測未來盈餘和業績表現。

當然，歷史不會一再重演。巴菲特曾說：「如果投資賽局只看過去的歷史，那麼最有錢的人會是圖書館館員。」**但他也承認，穩定且易於了解的公司，是建立在將風險降至最低、設定潛在預期業績表現的基礎上。**

儘管其他指標對確認一家公司是否穩定及是否可預測也很重要，但這些指標絕對是很好的起點。當確認這些指標數值滿足公

圖 4-1　EPS、帳面價值與 ROE 同步成長的趨勢線

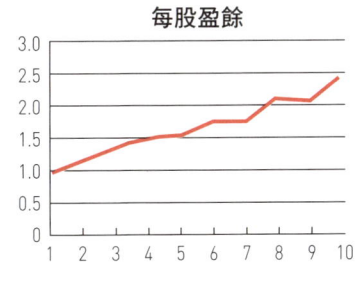

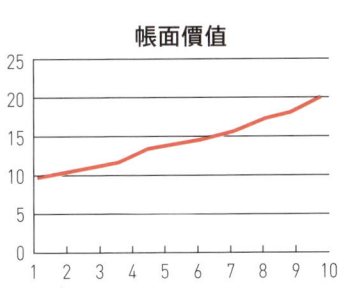

單位：美元

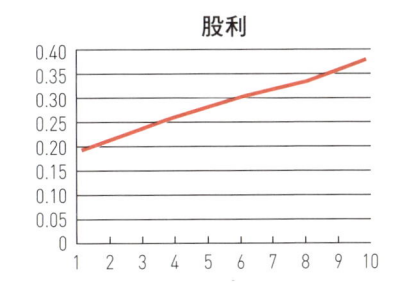

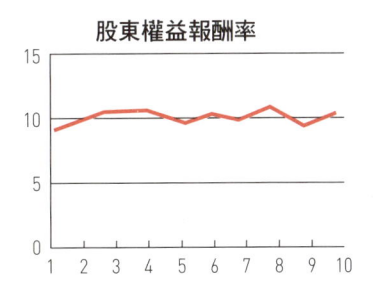

司的穩定時，接下來就可使用質化研究。巴菲特說過：「評價一家公司，既是藝術也是科學。」現在來談談投資的藝術。

規則 2：持續的競爭優勢（護城河）

當巴菲特談判商場上的競爭優勢時，他比喻為圍繞著城堡的「護城河」。如果你沒有護城河，競爭對手就會試圖攻下你的城堡；最好的情況是，有一位具誠信且努力的君王來管理這座城堡──所有出色的企業都擁有護城河。

然而，儘管可以看到護城河，但不同公司的護城河卻不盡相同。像可口可樂是因為擁有龐大品牌價值而有寬廣護城河；而像零售業沃爾瑪（WalMart）是因為成本結構而有寬廣護城河。沃爾瑪的採購量很大，能用比對手更便宜的價格向供應商進貨。

如果護城河夠寬廣，攻下城堡就很困難，甚至不可能。這個想法很簡單：當競爭對手無法複製公司一直以來的競爭優勢，那麼這公司就能持續為股東創造收益。如果我在路邊販賣草莓，你可以在旁邊開一家類似攤位跟我競爭；但你能複製可口可樂的品牌價值，或是沃爾瑪的成本結構嗎？那就是護城河。

到目前為止，我們已經為巴菲特的投資原則提供了很多不同的量化準則，但想要擁有競爭優勢並不容易。在財務報告中，沒有哪個指標會顯示護城河指數從 8 增加到 10，這樣的衡量指標

並不存在。在此奉勸你不要買沒有護城河的公司。我們已經知道巴菲特的第 2 大原則是只投資有長期前景的公司，而這與找到具有獨特競爭優勢的公司息息相關。沒有護城河的公司，會隨著時間被競爭對手超越，無論這家公司的商品與服務需求有多持久。

確認公司的護城河是質化分析。不同產業中形成護城河的要素也大不相同，一般而言，如果你找不到公司的護城河可能有 2 個原因：1. 根本沒有護城河；2. 對這間公司不夠了解。不論是哪種情況，不了解公司的競爭優勢就投資，將承擔很多風險。

關於各產業都有特定的護城河，我會強調以下 3 種關鍵：

關鍵 1. 品牌和專利等無形資產：迪士尼（Disney）就是一例，它是強大的品牌，幾乎世界上每個人都認識它。為了證明這個想法，巴菲特以媽媽為孩子挑電影為例。迪士尼電影比另一部電影貴了 1 美元，她並不清楚這 2 部電影的劇情，她會選擇哪一部？當然是迪士尼電影。人們總是把美好的事物與迪士尼聯想在一起，這樣的護城河實在難以跨越。

關鍵 2. 低成本結構：世界上每個零售商都要向供應商進貨，而「成本」與「價格」之間的差距就是「獲利」，因此零售商會以盡可能的最低成本向供應商購買商品。當沃爾瑪能以競爭對手無法匹敵的數量和價格買進商品時，公司就有

了極寬廣的護城河。

關鍵 3. 高轉換成本（或巴菲特所說的「黏著度」）：如果要舉高轉換成本的公司為例，那非微軟（Microsoft）的 Windows 作業系統莫屬。現在要找到沒使用 Windows 作業系統的電腦非常困難，這與是否有更好的作業系統無關，而是大多數人不想為轉換作業系統煩惱，不想重新學習新作業系統。任何推出新作業系統的企業勢必很難攻下這個市場。

總結：公司必須穩定且易於了解

1. 找到穩定且易於了解的公司非常重要，因為可以降低風險。最後，會試著確認一家公司（或股票）的價值，如果能合理地評估並預期公司未來盈餘的走向，才能實現最小風險的目標。

2. 只有投資在具有持久競爭優勢的公司才能降低長期風險。護城河可以是無形資產、低成本結構或高轉換成本（或黏著度）等形式。

原則 4：以撿便宜的價格買進

每個人都聽過這句古老諺語：「一鳥在手，勝過二鳥在林。」巴菲特談投資時，很喜歡使用相同的比喻，因為投資到底

是什麼呢？不就是在判斷今天的 1 美元是否比明天的 2 美元更有價值而已嗎？

巴菲特從未公開披露買進遭低估股票的公式或模型。儘管如此，他其實是個大方的人，透過他的致股東信揭示自己的估值方法的基本原則。

為了使事情簡單化，我結合了巴菲特多封股東信與數篇文章的想法，開發出好幾種計算工具，而這些工具可以幫助你確認股票是否滿足前 3 大原則的內在價值。

在討論計算工具時，我先介紹一些可以找出有價格吸引力的股票規則：

規則 1：以遠高於內在價值的安全邊際買入。

規則 2：低本益比（Price-Earnings Rratio，P/E）。

規則 3：低股價淨值比（Price-to-Book Ratio，P/B）。

規則 4：設定安全的折現率（Discount Rate）。

規則 5：買進價值被低估的股票──確定內在價值。

規則 6：在適當時機賣出股票。

規則1：以遠高於內在價值的安全邊際買入

如果你知道每天會有1萬磅的卡車駛過橋面，你會如何建造那座橋？會建造一座只能承受1萬1磅的橋嗎？不會，你會建造一座至少可以承受1萬5,000磅的橋，最好還能承受更多重量。

「安全邊際」（margin of safety）最早由巴菲特的教授、導師葛拉漢所提出。對於任何價值投資人而言，這是極為簡單卻強大、必須了解的概念。如果你評估某檔股票的價值為100美元，那麼以99美元買進的意義不大。你對該檔股票的價值評估可能完全錯誤，1美元的邊際讓容錯空間非常小；除了承擔風險之外，要從股票中得到適當獲利也很困難。或許該檔股票可能平均1年獲利8%～10%，但是你會錯過當股票回到合理價值時、買進低估值股票的超額報酬。

你看到「安全邊際」，可能會覺得好像在這本書的前面章節讀過相關內容。沒錯，在第1章我向你介紹了「市場先生」，他是極度不穩定且情緒起伏很大的朋友，每天會告訴我們股票的新買賣價格──這就是股價不總是等於公司內在價值的原因。切記，不論股價高低，內在價值是公司的真正價值或合理價值，而安全邊際就是股價與內在價值的差距（詳見圖4-2）。

就像造橋的例子一樣，你希望最大化的安全邊際。不過，你想要的幅度取決於你的期望：如果足夠了解一家公司及擁有的相

關風險,那麼安全邊際肯定可以比較小——很難針對安全邊際設定準確數字,因為買進一檔股票的決策往往會受到其他標的影響。如果某股票的安全邊際是 30%,看起來很吸引人,但若能以 50% 折扣買進另 1 家(風險相同的)優秀企業,可能就會換股操作。

規則 2：低本益比

最基本的價值評估技術就是「本益比」。本益比很受分析師歡迎,因為可以快速解答所有投資人一直在問的問題:「我現在可以從投資中得到多少報酬？」

想像一下,你有機會以 1,000 美元價格買進果汁攤。當然,

圖 4-2　內在價值、安全邊際與股價的關係

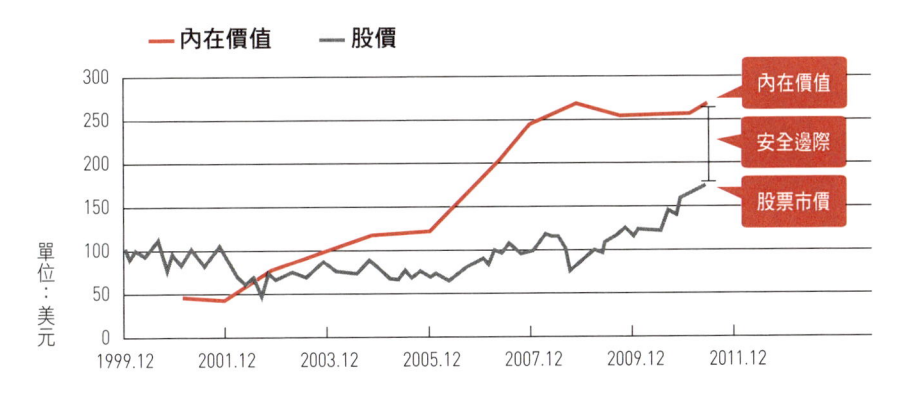

你可以問現在的老闆去年賺了多少錢，假設賺了 100 美元，你就可以用這個數字計算本益比：

本益比

＝公司的市價／淨利

＝1,000 美元／100 美元

＝10 倍

由於該數值為比率，因此我們必須一直記住分母始終是 1，當本益比 10 倍時，實際上是 10/1，意味著每 10 美元的股價，（1 年）應提供 1 美元的盈餘。如果想以百分比形式理解這種關係，就必須觀察倒數，或者是說，觀察「益本比」（E/P Ratio）。藉由觀察本益比的倒數可以得到收益率。舉例來說，果汁攤的本益比是 10 倍，因此倒數為 1/10（即 10%），這就是年收益率。

試著比較不同的本益比，如果你殺價成功，果汁攤的價格變成較低的 800 美元，而賺到的盈餘仍然相同，本益比就會變成 8 倍（＝800 美元／100 美元），或是說有 12.5%（＝倒數 1/8）的報酬。正如你所見，相較於高本益比，低本益比較好。

當一家公司的本益比是 10 倍時,就會引起大家討論。你常會看到本益比在 1 年內不斷變化,這是理所當然的。記住一件事,股價每天都在變,這就表示本益比也會每天變動。你在閱讀財經新聞時,內容沒有果汁攤而是各檔股票,不用為此感到困惑,無論是公司的單一股份價格,或是你正在評估整家公司,兩者原理其實相同。讓我們繼續採用這個簡單的情境,並增加更多變數。

假設果汁攤的整個事業價值是 1,000 美元,如果情況允許,讓我們把該事業均分成 100 等分,或是說分成 100 股。當這個事業被分成 100 股時,每股價值是 10 美元;同樣地,把盈餘也分成 100 等分,若你還記得整個事業的盈餘(或淨利)是 100 美元,就知道每股盈餘是 1 美元(= 100 美元／100 股)。在前面就已經知道整個事業的本益比也可以算出 1 股的本益比:

本益比

= 股價／每股盈餘

= 10 美元／1 美元

= 10 倍

就像你看到的，一家公司的整體本益比與每股的本益比相同。從這個例子中可以很肯定地說，自己想要投資低本益比的公司。為什麼要為 1 美元每股盈餘付出不必要的、更高的價格呢？

不幸的是，投資沒有那麼簡單。本益比只是即時狀態，是藉由觀察公司的當前表現，得以評估未來表現。如果沒有考慮其他變數，這往往是一條危險的路徑。

就像你想的，果汁攤可能會遭遇很多事情，例如夏天天氣不好、攤子旁邊開了另一家果汁攤等等。基本上，不確定盈餘 100 美元的情況可以維持幾年。

很多投資人都面臨相同困境，他們轉而以「預估本益比」（forward P/E）的概念來計算。這個概念背後的想法，是用預期的盈餘取代過去盈餘。一般而言，這通常是根據分析師對未來預測的平均估計。

如此一來，如果要決定果汁攤的預估本益比，或許會估計能賺到 200 美元的盈餘，得出預估本益比為 5 倍（= 1,000 美元／200 美元）。雖然看起來更吸引人，但在某種程度上，它也顯示出預估本益比與個人的猜測和看法有關。

巴菲特是保守的投資人，他建議只買本益比低於 15 倍的股票；換言之，每年報酬率至少應有 6.67%（= 倒數 1/15）。他不會買進擁有「本夢比」的公司，也不認為自己會發現新的微軟公

司，因此選擇買進一家與付出的價格相比、已經賺到可觀獲利的公司。

此外，他也十分清楚盈餘可能會不穩定。以果汁攤為例，用 200 美元取代原本的 100 美元盈餘時，預估盈餘的增加，將會大幅改變本益比的數值，因此他非常強調「盈餘的穩定性」——穩定性是每個價值評估技巧的基礎，可以使變動與風險降到最低。

規則 3：低股價淨值比

另一個簡單的價值評估技巧是「股價淨值比」。舉例來說，假設你付了 1 萬美元買一輛車（價格），那麼你現在擁有的資產價值就是 1 萬美元（帳面價值），股價淨值比是 1。

雖然公司會擁有更多資產以及將所有權分割成許多股份，但對公司而言，原理是相同的。股價淨值比的公式很簡單：

股價淨值比＝股價／每股帳面價值

回想一下第 3 章介紹的「股東權益」，然後觀察一下表 4-11 的數字。股東權益是「公司擁有的東西（資產）減去借來的東西（負債）」，由於股東權益與帳面價值相同，因此股價淨值比也

可以用來衡量針對公司每 1 美元的股東權益，投資人究竟為此付出了多少錢。

繼續用這個例子來說明：從表 4-11 中，可以看到股東權益是 3 萬 8,000 美元，假設這家公司分割成 100 股，據此計算股價淨值比，帳面價值為每股 380 美元（＝ 3 萬 8,000 美元／ 100 股）；此外，還需要套入 1 股的市場價格，假設每股為 570 美元，只要套入公式，就能算出股價淨值比為 1.5（＝ 570 美元／ 380 美元）。如你所見，股價淨值比沒有單位，那麼「1.5」是什麼意思？

股價淨值比為 1.5，表示你為公司帳上每 1 美元的股東權益付出市價 1.5 美元。每次你計算股價淨值比時，公式總是會強調「每 1 美元的股東權益」，因此若股價淨值比是 5，你就知道自己為每 1 美元的股東權益付出了 5 美元。當了解這個定義後，你

表 4-11　可從資產負債表中算出股東權益

資產		負債	
汽車	20,000	股東權益	38,000
房子	150,000	車貸	15,000
家具	3,000	房貸	120,000
合計	173,000	合計	173,000

單位：美元

很快就會知道較高的比率其實不值得那麼興奮，因為這意味著你花更多的錢擁有較少的股東權益；相反地，如果這個數值低於 1，例如 0.5，就表示你為每 1 美元的股東權益付出 50 美分。

你當下有了結論：市場上最低的股價淨值比會提供最多的價值──其實這是錯誤的假設。為了說明這一點，首先，假設你有機會購買一家股價淨值比為 0.5 的公司。儘管你以很高的折扣買進公司的股東權益，你仍須自問：「這個股東權益背後代表什麼？」然後，你可能會發現這家公司的業務是生產類比電視天線，當你意識到這是來自 1970 年代的商品時，你會驚覺公司近 4 年來都沒有獲利。簡單的股價淨值比 0.5 無法反映出這件事，所以為了知道公司的商品或盈餘，你必須更深入研究。

然而，這並不表示每家擁有低股價淨值比的公司都是瀕臨破產的公司。事實上，在蕭條市場中，你常常會發現很多非常好的公司（仍有強健獲利），其市場價格低於帳面價值。你的工作就是要了解全貌，而非只是查看股價淨值比，你必須要同時比較公司盈餘、本益比和債務等等。

葛拉漢試圖找出股價淨值比低於 1.5 的公司，並將門檻當作是衡量價值的指標。雖然你可以不侷限於這個限制，但要確保你清楚了解這種對股東而言是高溢價的風險。就像巴菲特喜歡以低價買進很大部分的獲利一樣，他也想要以低價買進部分股東權益。如果你決定購買高股價淨值比的公司，讓曝險降到最低的最

好方法之一，就是確保公司有很寬廣的護城河，或是有持久的競爭優勢。

規則 4：設定安全的折現率

接著，就要開始討論如何確認一檔股票的內在價值。為了找到股票的內在價值，要先知道「折現率」。我要分享生活中的親身經驗：我曾經跟孩子討論有關金錢的事，問了他們幾個簡單問題：「你想要今天擁有 1 美元，或是明天擁有 2 美元？」他們回答：「明天擁有 2 美元。」接著我又問：「你想要今天擁有 1 美元，或是下週擁有 2 美元？」他們有些遲疑，但仍回答：「下週擁有 2 美元。」

為了找出他們的臨界點，我繼續追問：「你們想要今天擁有 1 美元，或是明年擁有 2 美元？」這次他們很快地回答：「我想要現在就有 1 美元。不要再問這些蠢問題了。」

儘管有些惱人，但涵義卻很深遠：今天的 1 美元與明天的 1 美元價值完全不同。你可能想知道，要如何比較未來的美元與當前的美元？答案就是使用「折現率」。

用折現率，投資人就能將未來的美元（或預期的美元）轉成當前的美元。好處在於投資人能利用企業估計的未來現金流來回推目前價值；這個方法讓投資人（如巴菲特等）可以推算某家

公司的價值為 100 美元，即使當下交易價格只有 80 美元——其 100 美元的價值就稱為**「內在價值」或「實際價值」**。

那麼該如何使用折現率呢？

這個問題的答案取決於對風險的容忍度。假設你認為某一特定的投資有極高風險，基於風險如此高，因此你會想要獲得非常高的報酬。舉個極端例子，假設你因為高風險而期望每年有 50% 的報酬率，在此情況下你的折現率就是 50%。

另一方面，讓我們談談低風險的投資。你可以接受的最低報酬是多少？巴菲特認為，**任何投資標的的報酬都不應低於政府發行的公債。**他持有這個觀點的理由，是因為聯準會（Fed）可以輕易地印出更多鈔票來履行付息的義務。因此，如果 10 年期債券的報酬率為 3%，那麼投資人對 10 年期間投資決策的每年折現率，不應該低於 3%。

計算折現率時，不論是較高或較低的價值，都會大幅改變資產的內在價值。簡而言之，**高折現率會使內在價值偏低，而低折現率則會產生較高的內在價值。**但不用因此感到困擾，讓我來好好說明這句話的意思。

假設我們有興趣買進 1 家叫做 XYZ 的公司，並認為這家公司未來 10 年會產生 100 美元的現金流（或獲利），意即當 10 年結束時，你會拿到 100 美元的現金。問題來了，現在的你願意為

10 年後的 100 美元現金付出多少錢？

為了解決這個例子的問題，讓我們從基本的「**貨幣時間價值方程式**」（time-value of money equation）開始說明：

$$FV = PV(1+i)^n$$

其中，PV＝目前的現值或內在價值；

FV＝未來價值；

i＝折現率；

n＝年數。

首先，要計算這個公式的內在價值（PV）：

$$PV = FV / (1+i)^n$$

當我們知道公式後，接著就要來看看 XYZ 公司的內在價值，會如何隨著不同的折現率（3% 與 50%）而改變。先從折現率 3% 開始計算：

$$PV = FV / (1+i)^n$$
$$= 100 \text{ 美元} / (1+0.03)^{10 \text{ 年}}$$
$$= 74.41 \text{ 美元}$$

這個數值的意思是，如果你能在今天以 74.41 美元買進 XYZ 公司，那麼在未來 10 年，每年你會賺到 3% 報酬率。記住一個前提，擁有 XYZ 公司會讓你在 10 年結束時得到 100 美元。接下來，再以同樣方式計算折現率 50%：

$$PV = FV / (1+i)^n$$
$$= 100 \text{ 美元} / (1+0.5)^{10 \text{ 年}}$$
$$= 1.73 \text{ 美元}$$

哇，你完全沒想到吧！這個數值的意思是如果你能在今天以 1.73 美元買進 XYZ 公司，那麼在未來 10 年，每年你會賺到 50% 的報酬率。當然，前提仍是 XYZ 公司實際上可以產生這裡預估的 100 美元現金流。

記住一件事，無論是哪一種情境（3% 與 50%），最終都會

是相同的結果，也就是 10 年後你會得到 100 美元。兩者差別在於：如果投資人對公司在未來 10 年產生 100 美元收益的期望感到滿意，就會使用 3% 折現率，根據此折現率，投資人願意為這個投資付出更高的價格，也就是 74.41 美元；相反地，如果投資人對公司在未來 10 年產生 100 美元收益的期望感到不安，就會使用 50% 的折現率，在這種情況下，投資人想要用極低的價格來轉嫁擁有該公司的高風險，以折現率 50% 而言，這個投資的內在價值僅有 1.73 美元。

不過你可能想問：「**我應該使用哪一種折現率？**」

讓我們先把這個問題拋到腦後，並從其他角度來加以觀察——先來確定折現率。我們必須記住一件事，市場先生總是會提供 XYZ 公司的新報價。由於我們知道市價，因此可以確定目前折現率或潛在投資報酬率。為了解決這個問題，不妨調整一下公式以算出 i：

$$FV = PV(1+i)^n$$

$$i = \sqrt[n]{\frac{FV}{PV}} - 1$$

假設 XYZ 公司的股價是每股 60 美元，根據我們期望獲得的現金流（10 年後得到 100 美元），這是否是個好價錢？讓我

們找出這個情況下每年所帶來的報酬,換句話說,折現率必須達到多少,才會帶給我們市價的 60 美元?利用這個新資訊(市價或銷售價),我們可以算出預期收益:

$$i = \sqrt[10]{\frac{\$100}{\$60}} - 1$$

$$i = 5.2\%$$

然而,有個值得注意的問題是,5.2% 的報酬率是否足以讓你承受擁有 XYZ 公司的風險?如果公債的報酬率是 3%,你或許會覺得從 XYZ 公司得到的額外報酬,並不值得自己承擔那樣的風險。也許其他人並不同意這樣的看法,但更重要的是,說不定有其他能以低風險帶來較大報酬的投資機會——這些決定都可以用來定義你的機會成本,也都與確認折現率有關。

你應該還記得我在前文詢問孩子有關金錢的時間價值問題。不知不覺中,在某個時間點,我的孩子也開始選擇用現在的美元換取未來的美元,並將未來的現金流以某個比率折現。聰明的投資人必定精通這個過程。

進入下一個規則說明時,你會發現「內在價值」的計算還有很多細節。此處的例子提供了解「折現率」為何,以及如何用來比較「機會成本」的基礎概念。而為了說明,使用的計算是簡化

方式。接下來,你要使用以下規則,才能確定內在價值。

規則 5:買進價值被低估的股票——確定內在價值

到目前為止,我們已經了解本益比、股價淨值比等基本價值評估技巧,可以提供股票是否被低估的即時檢視;而確定一家公司的內在價值是更繁瑣的過程,但會產生更精準的估計與結果。

巴菲特說過:「內在價值可以簡單定義為:一家企業在剩餘壽命期間內,可以拿到的現金折現價值。」當我們分析這句話時,有 2 個主要部分:折現率,以及未來現金流的估計,因此要學習確認這 2 部分的技巧。

確認一家公司的內在價值要學的第一件事,是眾多技術各有不同。總歸來說,任何計算都存在很多假設。想要確認某家公司的未來現金流,在這本書中會討論 2 種不同的內在價值計算方法,你可以自由選擇偏好的方法。

第 1 種是「現金流量折現法」(Discount Cash Flow,DCF),第 2 種是現金流量折現法的變形之一,且其評估股票的方式與評估固定收益債券的方式相似。雖然這 2 種方法聽起來有點讓人困惑,但不用擔心,在接下來的內容中將逐步提供清楚的示範。

重要的是,要了解每種價值評估方法都會指向同一件事:

「我預期從原先投資中得到多少錢？」

讓我們從「現金流折現估值法」（discount cash flow）模型開始，只有 6 個步驟。一旦確定了內在價值，你會想要拿來與市場價格比較。價值與價格的差距，就是投資中的安全邊際。以下是現金流折現估值法模型的 6 大步驟：

• **步驟**

1. 估算自由現金流。
2. 估算折現數（Discount Factor）。
3. 計算未來 10 年內自由現金流的折現價值。
4. 計算 10 年後永久自由現金流的折現價值。
5. 計算內在價值。
6. 計算每股內在價值。

• **假設條件**

1. 當前的自由現金流：1,000 美元。
2. 前 10 年自由現金流的年成長率：6%。
3. 折現率：10%。

4. 長期成長率：3%。

5. 流通在外股數：1,000 股。

步驟 1：估算自由現金流。在投資中，有一種現金流無比重要，那就是「自由」現金流。這是只讓股東受益的錢，不論是股利發放、償還債務、買進新資產，甚至是回購股票，都是回饋股東的方式。在第 8 章末（談論現金流量表關鍵比率之處），我會深入說明如何計算自由現金流。

至於現在，你可以把自由現金流視為「在不影響未來業績表現情況，能支付給股東的獲利」。選擇保守估計的自由現金流非常重要，因為整個內在價值的計算都基於這個數字。

為了簡單起見，假設基準年或當年的自由現金流是 1,000 美元，而且在接下來 10 年，每年都穩定成長 6%，如此一來，未來幾年的自由現金流看起來就會像表 4-12。

表 4-12　試算期初 1000 美元、年成長率 6% 的自由現金流

年度	1	2	3	4	5	6	7	8	9	10
算式	$(1+0.06)^1$	$(1+0.06)^2$	$(1+0.06)^3$	$(1+0.06)^4$	$(1+0.06)^5$	$(1+0.06)^6$	$(1+0.06)^7$	$(1+0.06)^8$	$(1+0.06)^9$	$(1+0.06)^{10}$
自由現金流（FCF，美元）	1,060	1,124	1,191	1,262	1,338	1,419	1,504	1,594	1,689	1,791

確定未來任一年的自由現金流公式如下：

$$FCF_n = BYFCF \times (1 + GR)^n$$

其中，FCF_n = 第 n 年的自由現金流；

　　　　BYFCF = 基準年的自由現金流（當前的自由現金流）；

　　　　n = 未來的年數；

　　　　GR = 公司預估的年成長率。

在考量採用的年成長率（GR）時，重點是要考慮質化與量化要素。你填入的數值會大幅影響內在價值，因此務必明智且保守地選擇。一開始，利用公司過去的自由現金流成長率是很好的方式，你可以在公司先前的現金流量表找到這個數值。

正如預期，只有公司的業績模式是穩定且可預測時，過去的業績數字才對你有幫助。另一個好的起始方式，是採用公司近 5 年的平均股東權益報酬率；同理，這也取決於公司過去有可預測的業績表現。如果使用股東權益報酬率，請確認該數字的趨勢必須是持平或增加。若股東權益報酬率在過去幾年持續下降，那麼使用該平均數字去估算未來業績，風險可能會大大增加。

就像前文提過的，觀察過去的表現，只是為了評估截至目前為止的情況。如果你還對「**公司當前的價值取決於未來賺錢的能力**」有印象的話，在花時間分析公司過去的業績之後，我會建議你關注公司未來的計畫。

對未來業績的分析，會產生一種包含質化特徵的客觀評估，舉例來說，研究某家公司在研發上的努力，會使你對於公司未來商品更加了解；更重要的是，認真研究公司現有的商品或服務，進而確認公司隨著競爭加劇與時間經過可能的發展。如果你覺得目前的商品線可能在 5 年內被淘汰，你會避免使用過去的績效指標來估算未來現金流成長。

儘管對未來盈餘的預測很少準確，但有助於觀察分析師預測的**趨勢**。例如某家公司的自由現金流，你評估未來 10 年會以 6% 成長，但分析師卻說明年的盈餘會減少 10%，那你的評估與現狀是大幅脫節。

如你所見，這個數字非常重要，且最終將取決公司在未來是否有能力賺取更多的收入。如果你使用很高的成長率，那麼你對獲利的樂觀可能會蒙蔽你對安全的需求。在選擇未來的成長率時，務必要準確、考慮周全，以及小心謹慎。

步驟 2：估算折現係數。折現係數與折現率非常相似，唯一的差別在於折現係數要用在特定的時間點。儘管兩者聽起來非常

相似,但應用起來卻不同。你一定要知道「折現率」只是一個數字,是你根據風險所選擇的數字;「折現係數」則是基於你正在談論的未來某年、且在你選擇某個折現率後所計算出來的一些數字。現在就開始進行計算吧,這樣的應用才有意義。折現係數公式如下:

$$DF_n = (1+DR)^n$$

其中,DFn = n 年期間的折現係數;

　　　DR = 折現率;

　　　n = 折現換算的那 1 年。

就像前文的情況,了解折現率的概念非常重要。從根本上來說,折現率代表你從持有的公司所獲得的可能報酬。舉例來說,如果這家公司的風險很高,1 年至少要 20% 報酬,那麼折現率就是 20%。

選擇折現率的絕佳方法之一,是以銀行放款人的角度來思考。假如你有一個放款給其他人的新事業,因為公司有很多未知的風險,所以你要求借出的錢要有較高的收益;此外,考慮其他可以獲得報酬的機會也很重要。例如,如果從聯邦政府發行的債

券中可以得到 7% 報酬，你就不會考慮低於此水準的投資，因此你想要的折現率至少是零風險公債報酬的 2 倍，也就是 14%。我能提供的只有這些，**一切都取決於你承擔風險的意願，你選擇的折現率愈低，承擔的風險就愈大。**舉例來說，你選擇折現率 5%，意味你基於年報酬率 5% 的前提來衡量內在價值。務必謹慎地預留多一點安全邊際，在你對這個流程與涉及年度的風險有確實的了解之前，不熟悉流程的你可能會想從高於 10% 的折現率開始。

現在，為了說明折現係數的計算方式，我們選擇了 10% 的折現率，這也就代表了邊際風險（marginal risk）。因此，第 1 年的折現係數計算式如下：

$$DF_n = (1 + DR)^n$$
$$DF_1 = (1 + 0.1)^1$$
$$= 1.1$$

如果計算未來每 1 年的數字，你會發現折現係數變得愈來愈大，以下是第 2 年的折現係數：

$$DF_n = (1 + DR)^n$$

$$DF_2 = (1 + 0.1)^2$$

$$DF_2 = 1.21$$

以此類推，就可以確定未來 10 年的折現係數（詳見表 4-13）。如此一來，這個步驟就完成了，假使你對表 4-13 的計算還不熟悉，請先不要進行下一個步驟。

表 4-13　試算折現率 10% 的折現係數

年度	1	2	3	4	5	6	7	8	9	10
算式	$(1+0.1)^1$	$(1+0.1)^2$	$(1+0.1)^3$	$(1+0.1)^4$	$(1+0.1)^5$	$(1+0.1)^6$	$(1+0.1)^7$	$(1+0.1)^8$	$(1+0.1)^9$	$(1+0.1)^{10}$
折現係數（DF）	1.10	1.21	1.33	1.46	1.61	1.77	1.95	2.14	2.36	2.59

步驟 3：計算 10 年內自由現金流的折現價值。有了估算的現金流及相應的折現係數，就可以把兩者合併成一張折現的自由現金流量表（詳見表 4-14）。

表 4-14　將自由現金流與折現係數彙整為自由現金流量表

年度	1	2	3	4	5	6	7	8	9	10
自由現金流（FCF）	1,060	1,124	1,191	1,262	1,338	1,419	1,504	1,594	1,689	1,791
折現係數（DF）	1.10	1.21	1.33	1.46	1.61	1.77	1.95	2.14	2.36	2.59
自由現金流折現值（DFCF）	964	929	895	862	831	801	772	743	716	690
自由現金流折現值合計（美元）	8,203									

註：試算條件為期初 1,000 美元、年成長率 6%、折現率 10% 的自由現金流　　　　單位：美元

計算每年自由現金流折現值（DFCF）的簡單公式如下：

$$DFCF_n = \frac{FCF_n}{DF_n}$$

其中，$DFCF_n$ = 第 n 年的自由現金流折現值；

FCF_n = 第 n 年的自由現金流；

DF_n = 第 n 年的折現係數。

當你觀察這個公式時，會發現自由現金流折現值是透過「自由現金流除以折現係數」所決定。一旦確定了每年的自由現金流折現值，並且將這些數值相加，你就會得到這 10 年間的自由現金流折現值總共為 8,203 美元。

看似已經完成了計算，但其實只做了一半。如果你還記得巴菲特談論內在價值的名言「內在價值可以簡單定義為：一家企業在剩餘壽命期間內，可以拿到的現金折現價值」，就知道應該要注意所有未來現金流折現值。到目前為止，我們只完成前 10 年的計算，下一個步驟就是要解決這個問題。

步驟 4：計算（10 年後）永久自由現金流的折現價值。 當你買進一家公司時，不只獲得未來 10 年現金流的資格，還有權

利得到公司存續期間的現金流。

基於這個理由，我們也要計算公司的「永久價值」，因此必須查看 10 年後的現金流。請記住，我們已經在第 3 步驟計算 10 年內自由現金流折現值（FCF），而計算永久價值的公式如下：

$$DPCF = \frac{BYFCF \times (1+GR)^{11} \times (1+LGR)}{DR - LGR} \times \frac{1}{(1+DR)^{11}}$$

其中，DPCF＝永久現金流折現值；

BYFCF＝基準年的自由現金流；

GR＝自由現金流的成長率；

DR＝折現率；

LGR＝長期成長率。

根據至今我們所使用過的數字，將變數數值列出如下：

DPCF＝我們正在計算的數字；

BYFCF＝1,000 美元；

GR＝6％；

DR = 10%；

LGR = ？

　　如你所見，有一個新變數需要確認，那就是「長期成長率」。這個數字幾乎無法預測，如果有人認為自己能夠預測一家公司 10 年後的獲利成長，我只能說祝你好運了。雖然我們可能對這樣的預測感到不踏實，但還是可以從簡單問題做出一般假設：10 年後，這家公司是否仍有維持影響力的能力？

　　舉例來說，你認為像可口可樂這樣的公司，10 年後會繼續存在並維持市占率嗎？如果答案是肯定的，那麼建議長期成長率可設定為 2%～3%。即使對可口可樂在未來維持獲利的事業充滿信心，但為了避免估計過於樂觀，因此只用通貨膨脹率（2%～3%）就好。再說一遍，這是一個技巧，可以使用任何偏好的比率，只要做好承擔樂觀預測的風險準備即可。

　　基於以上因素，就可以確定 10 年後的現金流。以下是用這些數字代入變數的計算結果（長期成長率〔LGR〕為 3%）：

$$DPCF = \frac{1{,}000 \times (1 + 0.06)^{11} \times (1 + 0.03)}{0.1 - 0.03} \times \frac{1}{(1 + 0.1)^{11}}$$

DPCF = 9,790 美元

考量大家的數學程度,這個計算可能有點棘手。如果是這樣,我強烈建議你使用 Excel 來進行計算。選定任一儲存格後,輸入「=((1000*(1+0.06)^11*(1+0.03))/(0.1-0.03)*1/(1+0.1)^11)」,再按下「Enter 鍵」就可以得到答案。

現在我們已經有永久自由現金流折現值,幾乎就要完成了。接下來,讓我們把現金流整合起來吧!

步驟 5:計算內在價值。就像你猜想的,為了計算(整家公司的)內在價值,把前 10 年的自由現金流折現值加上永久自由現金流折現值:

內在價值 = 10 年間自由現金流折現值(DFCF)總和 + 永久自由現金流折現值(DPCF)

內在價值 = 8,203 美元 + 9,790 美元

內在價值 = 1 萬 7,993 美元

現在你不可不知的是,這個自由現金流(即算式一開始的數字)是整家公司的數字,因此最後的 1 萬 7,993 美元,單位有可能會是百萬美元或十億美元。你可以利用現金流量表來找到四捨五入後的數字,你會看到一個註解,通常是「單位:百萬美元」,這表示整家公司的內在價值其實是「179 億 9,300 萬美元」——這個天文數字對很多人來說沒有意義,所以在最後一個步驟要解決這個問題。

步驟 6：計算每股內在價值。為了確定每股內在價值,你需要參考資產負債表或損益表,才能了解公司流通在外股數有多少,通常這個數值會列在資產負債表最下方標示為「流通在外普通股數」(Common Shares Outstanding 或 Ordinary Shares Outstanding)。觀察資產負債表時,一定要再次確認註解,是否有特別列出該數值的單位是「百萬美元」。如果是,那這個數學問題就簡單多了,你只要將步驟 5 的內在價值除以流通在外股數即可。在這裡,我們假設 XYZ 公司的流通在外股數為 1,000 股。

每股內在價值 = 內在價值／流通在外股數

= 1 萬 7,993 美元／ 1,000 股

= 17.99 美元

值得注意的是,自由現金流與流通在外股數於四捨五入後出現多少個「0」,如果兩者以不同單位四捨五入(例如一個單位為百萬美元,另一個單位為十億美元),那你就必須列出完整的數字後再相除,但以不同單位四捨五入的情況很罕見。

這裡出現了關鍵問題:「17.99 美元」到底是什麼意思?這個數字表示,如果你能夠用 17.99 美元的價格買進 XYZ 公司 1 股股票,你可以期望每年獲得 10% 報酬,你應該還記得,10% 是折現率。然而,當你選擇較高的折現率(如 20%)時,就會

發現內在價值降低了，原因是，為了更高的報酬，必須以更低價格買進該公司的股票，也就是內在價值完全取決於期望的報酬。很少人真正理解這個概念，當有人告訴我，他認為某家公司的內在價值，假如是 100 美元，我會立刻反問：「那你使用多少折現率？」在沒有折現率的條件下談論內在價值，就好像只談陰、不談陽一般沒有意義。

總結一下，以這個例子而言，假設以 10% 的折現率算出 XYZ 公司的內在價值是 17.99 美元，於此同時，XYZ 公司在股市的價格是 25.04 美元，這意味著什麼？

很簡單，那就是你需要更低的折現率，才能讓內在價值達到當前的交易價格（25.04 美元）。假如你還沒注意到這一點，那我要告訴你，內在價值和折現率呈反比關係，也就是當一個變數上升時，另一個變數就會下降。因此，若 XYZ 公司的交易價格是 25.04 美元，你使用的折現率就必須低於 10%。那要降低多少呢？嗯，這是個非常棘手的數學問題。幸運的是，我開發了一個網路計算機，可以自動算出公司在證券交易所股價所對應的折現率。以 XYZ 公司來說，市價 25.04 美元對應的折現率是 8.14%，你會發現較高的市價會拉低你的年度預期報酬。這時有另個重要的問題：即使較高的市價尚有 8.14% 報酬，你還想買這家公司股票嗎？只有你可以回答這個問題。由於這只是一個例子，所以沒有納入持有 XYZ 公司的潛在風險。如果有風

> 正如我們的定義所示,內在價值是一種估值,而非精確的數字;而且這個估計還必須根據利率的變動或對未來現金流的預測調整。即使是兩個人在看同一組事實時,就像查理・蒙格和我,不可避免地也會產生些微不同的內在價值數字——這就是我們從不提供內在價值估計值的原因之一。
>
> ——巴菲特

險,那就需要進一步質化分析比較這些風險與預期得到的收益（8.14%）。

BuffettsBooks.com 的內在價值模型

對評估股票的價值愈熟悉,就愈快意識到每個人對於這個流程都有自己的看法。這些年來,我一直注意巴菲特寫給股東的信與無數訪問所傳達出的蛛絲馬跡。透過這些資源,我發現他反覆提到評估債券價值與評估股票價值的相似之處。接下來要介紹的模型,你會發現核心計算是基於債券的價值評估公式,再轉換成用於評估股票的現金流折現估值法模型,關於詳細計算的資訊會在本書〈附錄 1〉中說明。由於這種價值評估技巧的數學有點麻煩,因此我會試著用較簡單的方式來說明;此外,你也可以在網站 BuffettsBooks.com 上找到計算工具與教學影片。

使用這個計算工具前，我要特別強調找到穩定與可預測的公司的重要性（詳見本章原則3）。就像現金流折現估值法模型，如果一家公司的盈餘與行動總是難以預測，那麼這個計算工具無法派上用場。例如，像埃克森美孚（Exxon-Mobil）這樣的公司，就比推特（Twitter，編按：2023年已改名為X）這樣的新創上市公司更容易預測盈餘，但這不表示埃克森美孚在未來可以產生更多盈餘，只因為它是相對穩定的公司，所以比較容易評估價值，可以使我們將買股票的風險降到最低。

這個公式非常簡單，只有4個要素，但在開始分析之前，你應該要徹底了解每個要素：

- 帳面價值（詳見原則3之規則1）。
- 股利（詳見原則3之規則1）。
- 每年帳面價值的平均變化（詳見原則3之規則1）。
- 折現率（詳見原則4之規則4）。

BuffettsBooks.com的內在價值計算工具與前文介紹的現金流量折現法計算工具相似，也會產生每股內在價值（與相應的折現率）；另一方面又和現金流量折現法模型不同，例如評估未來現

金流的變數是透過不同流程找出來的，意即你能從股利與帳面價值成長的角度，預測股東實際上會拿回多少錢（計算工具與教學影片的網址為 http://www.buffettsbooks.com/intelligent-investor/stocks/intrinsic-value-calculator.html）。

接下來會利用網站 BuffettsBooks.com 計算工具並輸入各項變數的畫面，詳細說明每個輸入變數與步驟。

為了使這個計算簡單化，將分成 7 個步驟，只要多練習幾次這些步驟，就可以迅速地計算。需要輸入的財務相關資訊，在公司公開年報中全都找得到，你也可以利用 MSN Money、Yahoo Finance、晨星（Morningstar）或公司網站等免費資源。

- 步驟

1. 輸入帳面價值，並算出「平均帳面價值變化」。
2. 輸入「從企業拿走的現金」（或股利）。
3. 輸入「目前的帳面價值」。
4. 輸入「每年平均帳面價值變化」（第 1 個步驟算出之數值）。
5. 確定「年數」。
6. 確定「折現率」。

7. 點擊「計算」按鈕。

• **假設條件**

1. 目前的帳面價值：30 美元。

2. 之前的帳面價值：10 美元。

3. 兩者相差年數：10 年。

4. 每年股利：1 美元。

5. 折現率：2.5%。

現在談得夠多了。言歸正傳，把這些假設條件代入這個計算工具中。

```
Current Book Value ($):  目前的帳面價值（美元）
30

Old Book Value ($):  之前的帳面價值（美元）
10

# of Years Between Book Values:  兩者相差年數（年）
10

[CALCULATE]  計算

Average Book Value Change (%):  平均帳面價值變化（％）
11.612317403390438
```

步驟 1：輸入帳面價值，並算出「平均帳面價值變化」。你可能還記得，隨時間變化的帳面價值是內在價值變化的線索，這

CH4
價值投資的原則與規則

就是我們試著在此步驟定義的數值。

我們的起點是「目前的帳面價值」，也就是此例中的 30 美元；接著，我們回溯 10 年並找出「之前的帳面價值」，在此例中為 10 美元。計算工具算出「平均帳面價值變化」約為 11.6%。

如果在尋找實際公司的數據時遇到問題的話，我會強烈建議你可以看看網頁上這個計算工具的教學影片，如此一來，你就能從中找出這些變數。

那麼「11.6%」是什麼意思？這意味著在過去 10 年，股東可以看到帳面價值每年平均成長 11.6%，可能是公司資產成長或負債減少，最終反映在股東權益的成長上。這可能是任何東西，像是新的生產設備、現金帳戶的增加或流通在外的負債減少。由於股東擁有的是企業帳面價值，因此每年會從再投資的資金中增加 11.6% 的財富。

接下來，這個數字會幫助我們估計股東權益未來會成長多少。了解這個歷史成長率的趨勢非常重要，它並沒有明確顯示未來成長率會保持不變，這應該被視為經驗法則，以及估算未來股東權益成長率的起點。在使用這個數字作為未來成長的估計數字之前，請確認你已經完全了解公司的未來發展方向及其提供的商品或服務。

步驟 2：輸入「從企業拿走的現金」（或股利）。在第 1 個

```
Cash Taken Out of Business ($):    從企業拿走的現金（美元）
1
* This is dividends recieved for 1 year.    這是 1 年的股利

Current Book Value ($):

* We need to know this so we can determine the base value that's changing.
```

步驟時,為了對未來的業績表現有些許了解,我們做了一些回顧。這個計算工具要輸入的其他數字,全都與未來的現金流有關。

首先要輸入的,是估計未來 10 年會獲得的平均股利。這是一項艱鉅的任務,若是遵循巴菲特前 3 大投資原則來選擇股票,就會看到穩定、甚至逐漸增加的股利。觀察配發股利的趨勢,只要沒有下降,可以用當前股利作為未來 10 年平均股利的估計值。儘管有點太保守,但只要股利的確逐步增加,你就會知道這個投資擁有安全邊際,可以感到很安心。

記得要使用「配發的股利」,而不是「收益率」。每年的股利是實際拿到的現金,相對於市價的股利率,收益率是浮動的關鍵比率。在這個例子中,我輸入了 1 美元,表示我估計未來 10 年,每年會從公司拿到配發給股東的每股 1 美元現金股利。

步驟 3:輸入「目前的帳面價值」。你應該還記得我們在第 1 個步驟已經對此做出假設,「目前的帳面價值」指的是目前股東每 1 股所擁有的公司資產。

```
Cash Taken Out of Business ($):
1
* This is dividends recieved for 1 year.

Current Book Value ($):   目前的帳面價值（美元）
30
* We need to know this so we can determine the base value that's changing.
我們需要這個數字，才能決定與基準年的價值變化差異
Average Percent Change in Book Value Per Year (%):

* This will determine the estimate BV at the end of the next 10 years.
```

步驟 4：輸入「每年平均帳面價值變化」。到目前為止，這是最困難的步驟。任何的價值評估模型都必須估計未來公司能提供的價值，但是巴菲特說過，即使是他的長期合夥人蒙格，在評估股票時，兩人也會使用不一樣的成長率。那我們應該怎麼做？

如果這家公司很穩定的話，使用你在第 1 個步驟所算出的成長率是很好的開始；如果你認為這家公司的獲利潛力正在衰退，那麼使用一個較為保守的數字。重要的是，那是你認為估計未來最準確的數字。

為了簡單起見，我使用第 1 個步驟算出的 11.6%。記住，第 1 個步驟是決定帳面價值成長率的指引，能幫助你評估並確認公司是否會維持過去的成長速度。此處也需要結合質化估計與量化分析。

步驟 5：確定「年數」。我將「10 年」作為估計未來現金流價值的期限。如此選擇的理由，是因為這樣才能與有年限的 10 年期國庫券進行比較。我會在第 6 個步驟討論這兩者的對比。

```
Cash Taken Out of Business ($):
1
* This is dividends recieved for 1 year.
Current Book Value ($):
30
* We need to know this so we can determine the base value that's changing.
Average Percent Change in Book Value Per Year (%):   每年平均帳面價值變化（%）
11.6
* This will determine the estimate BV at the end of the next 10 years.
這可以確定 10 年後的估計帳面價值
Years:

* This will most likely be 10 (if you're comparing a 10 year federal note).
(Discount Rate) 10 Year Federal Note (%):

* Look up the ten year treasury note by clicking on this text.
CALCULATE
```

步驟 6：確定「折現率」。 這個步驟極為重要。在本章第 4 個原則之規則 4 以及現金流折現估值法模型中，討論了折現率是如何運作的。如果你不記得那些內容了，或是有一點不清楚，我強烈建議你重讀這些章節。

當我們討論折現率時，事實上在討論的是自己願意承擔的風險而期望獲得的股票報酬。舉例來說，若輸入折現率 20%，計算工具就會判斷這檔股票能讓投資人得到年報酬率 20% 的內在價值。就像我輸入 20% 折現率，是因為我認為這檔股票有很大的風險。

```
Cash Taken Out of Business ($):
1
* This is dividends recieved for 1 year.

Current Book Value ($):
30
* We need to know this so we can determine the base value that's changing.

Average Percent Change in Book Value Per Year (%):
11.6
* This will determine the estimate BV at the end of the next 10 years.

Years: 年數
10
* This will most likely be 10 (if you're comparing a 10 year federal note).
這個數字可能是 10（如果與 10 年期國庫券比較）
```

相較於只憑感覺選擇折現率（例如風險高就用 30%、風險低就用 5%），巴菲特採取不同的方法。他設定一個量尺，或者說是衡量的基準──10 年期國庫券。因為**巴菲特認為持有 10 年期國庫券對投資人來說是零風險，可以成為基準。**

舉例來說，如果 10 年期國庫券可以提供 2.5% 報酬，那麼這就是可接受的最少報酬。綜上所述，如果你將這個利率作為折現率，就可以與同領域的所有投資標的相互比較。

這很重要！因為你正把 2.5% 當作折現率，這也意味著股票的內在價值會以年報酬率 2.5% 被定價。千萬不要忘了這一點！算出內在價值之後，接下來還會進行更多討論。

附帶說明，你可以在網路上找到每天更新的 10 年期國庫券利率（網址為 http://www.treasury.gov/resource-center/data-chartcenter/interest- rates/Pages/TextView.aspx?data=yield）；同時，我也在網站 BuffettsBooks.com 上提供了網頁連結，在計算工具的「（折現率）10 年期國庫券利率」說明中，利用「點擊此處以查看 10 年期國庫券利率」（Look up the ten year treasury note by clicking on this text）的超連結即可。

步驟 7：點擊「計算」按鈕。根據諸多估算與假設，在 2.5% 折現率下，這檔股票的內在價值是 78.98 美元。

暫停一下，然後回顧前面 6 個步驟的結果。得出內在價值 78.98 美元的前提，是進行了以下假設：這檔股票未來 10 年每年配發現金股利 1 美元；估計這家公司會保留剩下的盈餘，而目前的帳面價值 30 美元會以每年 11.6% 的速度成長；至於未來 10 年的現金流，已經藉由零風險的 10 年期國庫券利率將其折現。

這到底意味著什麼？根據輸入的數字，這個計算工具建議，如果今天能以 78.98 美元買進這檔股票，就能預期未來 10 年年化報酬率有 2.5%。

為了更貼近事實，假設這家公司現在的股市交易價格是 90 美元。這代表什麼呢？如果你對未來盈餘的估算準確，這就表示當你以 90 美元買進這檔股票時，你會得到比 2.5% 還低的年報酬率。

Cash Taken Out of Business ($):
1
This is dividends recieved for 1 year.

Current Book Value ($):
30
We need to know this so we can determine the base value that's changing.

Average Percent Change in Book Value Per Year (%):
11.6
This will determine the estimate BV at the end of the next 10 years.

Years:
10
This will most likely be 10 (if you're comparing a 10 year federal note).

(Discount Rate) 10 Year Federal Note (%): （折現率）10 年期國庫券利率（％）
2.5
Look up the ten year treasury note by clicking on this text.
點擊此處以查看 10 年期國庫券利率

[CALCULATE] 計算

Intrinsic Value ($): 內在價值（美元）
78.98236768892826

這麼一來，下個問題或許就是「會比 2.5% 低多少？」使用計算工具算出答案並不難，但需要一些反覆試驗。根據當前交易價格 90 美元的條件來估算預期收益，只要調整折現率並重新計算，直到結果（內在價值）達到 90 美元即可。

你肯定很快就會發現，大概折現率 1% 就能算出 90 美元。因此回過頭來看看 10 年期國庫券，現在就可以比較兩者。如果這檔股票在股市的價格是 90 美元，那麼國庫券的報酬將高出 2.5 倍。不過，這是以這檔股票目前股價 90 美元、報酬率 1% 的條

件下，與利率 2.5% 的國庫券相較所做出的結論。

如果股價現在低於原先的內在價值 78.98 美元，為了簡單起見，假設是 60 美元。針對這個價格，你的預期報酬會是多少？

與先前步驟一樣，利用反覆試驗，在內在價值為 60 美元的情況下，折現率約為 5.5%。然後再比較這檔股票與國庫券，會發現當股價 60 美元時，這檔股票的報酬率會比國庫券高出 2.2 倍──正如你所見，內在價值與折現率為負相關。

找出安全邊際

從前文的例子中，你會看到安全邊際是基於預期能比 10 年期國庫券高出多少的報酬。若某檔股票滿足這 4 大投資原則，且市場價格相當於年報酬率 15%，那麼你的安全邊際就是國庫券利率（2.5%）的 6 倍。

當你查看巴菲特有關內在價值的名言時，他提到，如果利率改變，估值就必須改變，指的就是投資人獲得的安全邊際。舉例來說，有一檔股票價格是 50 美元，並認為其報酬率有 7.5%；接著簡單起見，假設 10 年期國庫券的利率在 1 年內會從 2.5% 上升至 5%，而該期間股價並沒有改變，那麼很快會看到此安全邊際出現劇烈變化。

當利率是 2.5% 時，我們的股票提供比零風險投資標的高出 2

倍的報酬；當利率升至 5% 時，我們的股票只提供比零風險投資標的高出 0.5 倍的報酬。儘管我們的股票沒有變化，但安全邊際卻改變了。這是非常重要的考量因素，所有投資人都必須了解。

現在，每個人在做決策時都喜歡制定嚴格且快速的規定，但股票估值其實是一種藝術，況且只有你知道自己願意為特定企業承擔多少風險。

無論使用哪種方法來評估股票，決策都一樣。如果你願意，一個較高的折現率或安全邊際，也可以提供更高的報酬，但前提是能以相應價格獲得投資機會；如果你對獲得的折現率或期望的報酬不滿意，就可以靜待股價下跌。這個計算工具的優點在於，你能調整數字查看股價應該下跌多少，才會變得有吸引力。

我該使用哪種計算工具？

顯然地，你看到計算一家公司的內在價值有 2 種選擇：現金流折現估值法模型藉由折現永久的自由現金流，以此估計公司的內在價值；第 2 種計算工具則提供一個有限度的解決方案，而且只加總 10 年期間的現金流。此外，2 種計算工具也分別使用不同數值來表示未來的現金流，現金流量折現法模型使用自由現金流，而 BuffettsBooks.com 的計算工具則是使用股利加上帳面價值成長。

這 2 種選擇各有優缺點，決定使用哪種計算工具時，最好的建議或許是使用最保守的估計。在不同計算工具之下，同一公司算出的數字可能也會不同。因為 BuffettsBooks.com 的計算工具將所有數字都換算成每股數字，雖然比較方便使用，但也有所侷限。

BuffettsBooks.com 的內在價值計算工具的侷限

這個計算工具是很簡便的工具，但在以下 4 種限制往往用處不大，或許適合改用現金流折現估值法模型。

限制 1：只適用完全符合巴菲特 4 大投資原則的股票。 如果這家公司並未符合巴菲特的 4 大投資原則，那這個計算工具會產生無效的答案，這是因為計算工具是建立在穩定且可預測的前提之上，如果所有標準都不符合，產出的結果既不穩定也難以預測。

具體來說，你想要找到那些已被證明可以產生穩定且可預測的股東權益報酬率能力的公司。如果一家公司缺少這些大原則的某些層面，那麼這些層面會被視為投資人的額外風險，並且藉由降低帳面價值成長率、降低股利率、要求更高的折現率，甚至是不對股票進行整體評估來反映這些質化分析。

限制 2：高成長型公司。這個計算工具的關鍵要素之一是帳面價值的複利成長。即使只在某段有限的期間內，相較於成長緩慢的大型企業，高成長型公司有很好的機會讓帳面價值自然增加，而高成長率會得出非常高的內在價值。因此我建議，在計算工具上使用的帳面價值成長率不要超過 13%～15%，甚至不要在過去 10 年的變數中輸入如此高的成長率。針對高成長型公司，由於現金流折現估值法模型可以限制高成長率的年限，得以提供更好的估值。

限制 3：買回高比率的庫藏股。如果你有興趣的公司大幅買回庫藏股，你就要非常謹慎地使用這個計算工具。買回庫藏股會扭曲帳面價值，進而使得內在價值的數據出現偏差。利用現金流量表，你可以確認這家公司買回了多少庫藏股。如果公司買回庫藏股的規模很小，對於計算結果的影響就很小；相對地，假使公司的策略就是要減少流通在外股數，那麼你最好改用現金流折現估值法模型。

限制 4：股票分割。如果公司曾有股票分割紀錄，你可能會發現歷史上的帳面價值成長率無法呈現實際的業績表現，因此在評估帳面價值未來的成長時，必須將這樣的差異納入考量。為了避免這類潛在錯誤，使用現金流折現估值法模型會比較好。

規則 6：在正確時間賣出股票

了解何時買進一檔股票很重要，知道何時該出場也同等重要。相較於尋找新的投資標的，決定賣出股票的你占有極大優勢，因為你已經了解這家公司，對於公司的公平價值及未來前景有充分的概念。那麼應該賣掉嗎？

一般來說，人們認為應該賣出股票的原因，是由於股價已經下跌或上漲到某個特定的價格。雖然這是很重要的考量，但卻只是眾多因素的其中之一。

除非你急需用錢，否則在衝動決定轉換資產之前，肯定會好好考量資本利得稅與銀行手續費所帶來的影響。從基本面審視，你應該回歸巴菲特的 4 大投資原則來做決策：

原則 1：公司是否仍由審慎的領導人管理？

原則 2：公司的商品或服務是否仍有長期前景？

原則 3：公司的盈餘和債務管理是否仍穩定且可預測？

原則 4：根據預期的現金流，在目前的交易價格下，你期望得到多少報酬？

如果違反其中 1 個原則，考量持有股票的機會成本之後，決

定購買新資產可能是聰明的選擇。

賣出股票的另一個常見原因，是你認為某檔股票占據了太高的投資組合比率，因此想要控制曝險程度。對許多價值投資人而言，這是非常敏感的話題。然而，就如我在本書先前提過的，巴菲特堅信投資標的集中，可以降低風險。他將這種策略與「把麥可・喬登（Michael Jordan）納入團隊」相比——你會因為他的得分率很高，所以想找人取代他嗎？

雖然巴菲特喜歡集中投資，但他的投資組合中也有 10 多檔股票。價值投資人也應該做出這類決定，才能因此感到安心。如果你覺得某檔股票占據投資組合 20% 或 35% 太過集中，風險相對偏高時，你應該傾聽直覺。即使是最厲害的投資人，在選股時也會犯錯；更何況，就算你認為某檔股票是市場上的最佳選擇，你也不會只投資一檔股票。

讓我們回到巴菲特最後的投資原則：以優惠的價格買進。或許你會猜想，如果能把錢投資在另一檔更加有利可圖的標的，自己應該要賣出股票。就是這麼簡單！假如你喜歡的那檔股票一年預期可以上漲 8% 真的很棒，但若能找到另一檔報酬率有 9% 的股票，為什麼不選擇更好的呢？儘管這個轉換資產的決定看似很直覺、很簡單，不過在做出這個決定之前，還必須考慮轉換資產的相關成本。

在網站 BuffettsBooks.com 上，有一個賣出股票計算工具及教學影片，可以幫助你完成對資本利得與成長預測的會計處理過程（網址 http://www.buffettsbooks.com/security-analysis/when-to-sell-shares.html）。

要結合與使用這個賣出股票計算工具，你還需要利用內在價值計算工具來得到預測的報酬率。為了有利做出決策，並妥善使用該計算工具，以下提供可以幫助思考過程與方法的摘要。

想要決定保留或賣出現有持股（股票 A），或是投資另一檔股票（股票 B），可以遵循以下 3 個步驟：

步驟 1. 根據市價，計算股票 A 與股票 B 的預期年報酬率。

步驟 2. 扣除股票 A 的資本利得稅成本。

步驟 3. 根據給定的期間，計算股票 A 與股票 B 哪一個能帶來最高預期年報酬率。

讓我們仔細看看每個步驟：

步驟 1：根據市價，計算股票 A 與股票 B 的預期年報酬率。
你應該還記得，針對在既定市價前提下的預期報酬，內在價值計

算工具已經做出調整。根據你使用的計算工具模型，你可以在 BuffettsBooks.com 內在價值計算工具上進行反覆試算，或是在現金流折現估值法計算工具上輸入當前市價（最後輸入的變數）。

無論是哪種方法，你都必須確保適當的折現率會使得內在價值等於當前市價。你必須分別評估現在持有的股票與新投資標的，以這個例子來說，確定每檔股票的折現率後，股票 A 的預期年報酬率是 6%，股票 B 則是 9%。如果你難以確定預期年報酬率，不妨參考提供賣出股票計算工具同一網頁上的影片。

步驟 2：扣除股票 A 的資本利得稅。在第 2 個原則之規則 2 中，我們探討了賣出股票獲利必須付出的資本利得稅。讓我們很快地複習一下，參見表 4-2，短期資本利得是持有投資標的期間少於 1 年。

假設你持有股票 A 不到 1 年，且年所得稅率級距落在 10 萬美元，那麼你的短期資本利得稅率為 28%。想像一下，你最初以 60 美元買進股票 A，現在股價漲到 100 美元，在這個情況下，你要繳交每股 11.2 美元（= 40 美元 ×28%）的稅，扣除稅款後，每股只剩下 88.8 美元（= 100 美元 – 11.2 美元）可以投資股票 B。請記住，資本利得稅課徵的是你的「獲利」（= 100 美元 – 60 美元），而非全部的金額。

步驟 3：根據給定的期間，計算股票 A 與股票 B 哪一個能帶

BUFFETTSBOOKS SELL CALCULATOR BuffettsBooks.com 賣出股票計算工具

What is the price of the stock you currently own? 你目前持股的股價是多少？

100

How many shares of this stock do you own? 你擁有多少股份？

1

What annual discount rate makes the intrinsic value equal to the market price for the stock you currently own? 當股票的內在價值等於市價時，你的折現率是多少？

9%

You can watch a method for determining this input at the 19.58 minute mark in the video above.
確定輸入數字的方法，可參考教學影片 19 分 58 秒處

What will be the capital gains tax rate if you decide to sell your current stock?
如果你決定賣出目前持股，資本利得稅率是多少？

28%

What gains have you made while owning your current stock pick?
繼續持有目前股票，你會得到多少獲利？

40

For the new stock pick, what annual discount rate makes the intrinsic value equal to the market price? 對於你選擇的新股票，當其內在價值等於市價時，折現率是多少？

10%

You can watch a method for determining this input at the 26.24 minute mark in the video above.
確定輸入數字的方法，可參考教學影片 26 分 24 秒處

SHOW SELL CRITERIA 顯示賣股的標準

來最高預期年報酬率。根據我們在網站 BuffettsBooks.com 賣出股票計算工具輸入的變數截圖，值得注意的是，投資人在轉換資產後，回收損失的資本利得所需約 15 年，詳見表 4-15。

雖然投資人最終仍會因為轉換到較高報酬率的資產而賺到更多錢，但務必要考量回本所需的時間這是賣出股票計算工具的目的：幫助投資者計算要花多少時間，才能追回摩擦成本（即稅負）所造成的本金損失。當你改變計算工具中的變數，例如資本

利得與成長率的參數時，對回本時間有極大影響（詳見圖 4-3）。

總結》計算股票內在價值，評估買賣點

1. 安全邊際是內在價值與當前股價之間的差額。你要盡可能地獲得更多安全邊際，將風險降到最低。

2. 根據經驗法則，當本益比（P/E）低於 15 倍時，是找到合理價格股票的好起點。如果本益比愈低，代表你為每 1 美元盈餘支付的價格愈少。

3. 根據經驗法則，股價淨值比（P/B）低於 1.5 是減少風險的好起點。當 P/B 是 1 時，就表示投資人為每 1 美元

表 4-15　15 年後，新股票的資本利得才會追過目前股票

年度	資本利得（美元）	
	目前股票	新股票
0	100	89
5	154	143
10	237	231
15	364	372
20	560	599
25	862	964
30	1,327	1,553

註：試算條件為目前持股股價 100 美元、擁有 1 股、目前股票折現率 9%、資本利得稅稅率 28%、持有目前股票獲利 40 美元、新股票折現率 10%。

圖 4-3　目前股票與新股票的未來資本利得

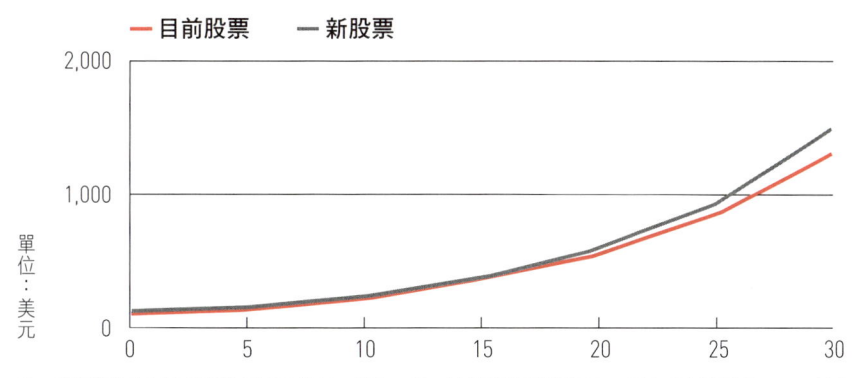

―― 目前股票　　―― 新股票

單位：美元

註：試算條件為目前持股股價 100 美元、擁有 1 股、目前股票折現率 9%、資本利得稅稅率 28%、持有目前股票獲利 40 美元、新股票折現率 10%。

的股東權益支付了 1 美元。如果一家公司有較高的股價淨值比，並且有寬廣護城河（意即擁有珍貴價值的品牌或專利），就能讓風險降到最低。

4. 國庫券可以作為衡量股票價值的量尺或基準。具體來說，公債利率可以被視為折現率，藉此讓股票價格與零風險投資標比較。透過這種比較，在高利率的環境下保護自己，因為股票變得較沒吸引力；在低利率環境下，股票則會變得更有價值。巴菲特用 10 年期國庫券作為評估的起點。

5. 現金流折現估價法計算工具是用來計算公司內在價值的模型，使用公司的自由現金流，並加總永久（或存續期

間)的預期成長;接著,將所有現金流折現回公司今天的價值,確定對應的內在價值。

6. BuffettsBooks.com 的內在價值計算工具與現金流折現估值法計算工具相似,但它只加總有限期間(如 10 年)的現金流;此外,估計來自股利與帳面價值成長的現金流時,這個計算工具使用的是每股數字。想要使用這個模型,這檔股票必須完全滿足巴菲特的 4 大投資原則。

7. 如果一家公司違反巴菲特其中一項或多項投資原則、在投資組合中的占比過高,或是你可以從其他投資中獲得更高的報酬時,你就應該賣出這檔股票。

中場總結

到目前為止,這本書已經讀完了一半,現在你知道巴菲特用來評估股票的基本原則,也知道要如何觀察股市,以及為什麼股市下跌時你應該感到高興(詳見第 1 章);我也介紹了每個股票投資人都要知道的利率、通貨膨脹與債券的觀念(詳見第 2 章),並介紹了 3 個主要的財務報表(詳見第 3 章)。

在這本書的後半部,我們要開始詳細介紹會計學。如果覺得目前進度對你而言有些太快,也許你應該重新閱讀之前章節,或是觀看我們網站上的一些免費影片,都可以幫助你釐清任何問題與不清楚的地方。

CHAPTER

5

財務報表
與股票投資人

> 會計是企業的語言。
>
> ──華倫・巴菲特（Warren Buffett）

如果你想要融入一個國家，應該要學習當地的語言；如果你看不懂財報，你就會失去價值投資的機會。

在第 3 章，我簡單介紹了 3 個主要的財報（損益表、資產負債表與現金流量表），目的是讓你對會計學有基本了解，如此就能辨別與應用股神巴菲特的 4 大原則。在這章，我不只會讓你深刻明白會計學的重要性，還會詳細探討 3 大財報中每個會計科目的組成。

開始吧！

為什麼財報對股票投資人來說很重要？

你可能很清楚，為了評估投資標的的價值，投資人等待公司出具年報或季報的焦急心情。正如你所學過的，企業的價值完全取決於這些數字的變動，以及預期未來會如何改變。但在進一步深入討論會計學之前，特別說明以下要點。

想像一下，迪士尼公司流通在外股數有 1,000 股，在這樣的情況下，公司可能有 1,000 名股東。了解這個基本概念之後，就

可以來介紹「董事會」（Board of Directors, BOD）的概念。因為大多數企業都遠遠不止 1,000 股，因此股東人數通常高達數千甚至數百萬人。擁有公司股票的人這麼多，董事會就成為代表所有股東聲音的治理機構。

不過也會造成「委託代理問題」（principal-agent problem）。如果你對此有印象，那是因為我在第 4 章介紹過。代理人和委託人之間的關係可能是導致財報變得如此重要的原因。投資可以分析年報呈現的資訊，企業運作情形；年報也是董事會與股東之間最重要的溝通方式，由於這些資訊已分發給所有股東，理論上，應該有數千雙眼睛在審查公司業績是否真實可靠。

一般來說，你會發現大多數上市公司網站都有個「投資人關係」（Investor Relations）的頁面。你可以在這裡找到近期財報、股利歷史資訊、過去季報的視訊與電話會議等。在這個頁面上，能找到愈多資訊愈好。身為投資人，我一向偏好看到全面性的投資人關係資訊中心，如果沒有對企業的語言或會計學有深入了解，就會錯過要傳達給所有股東的訊息。

會計學基礎概述

我們來看看非常基礎的會計學知識。當你在閱讀年報時，很多工作已由會計師完成。每個會計師都知道借方（debit）與貸方（credit）的關係，但身為投資人的你，可能不了解每個財報與

相關帳目之間的所有金錢變化如何「連動」。

借貸的世界

「有借必有貸。」這句話構成了至今所有會計學概念與準則的發展基礎。這個借方與貸方的系統就是熟知的「複式簿記」（double-entry system），顧名思義，每個分錄都對財報有雙重影響。舉個簡單例子，當一個人買進商品時，這個行為會產生什麼影響？這筆購買行為會讓現金流出，而資產則以商品（或服務）形式流入。

現在，把這個概念應用於某家公司上：當公司從銀行帳戶中扣款以買進原物料時，也是以現金的形式流出，流入的則是用來製造商品的原物料──雙重影響再次出現。

公司會整理所有財務數據，並記錄到所謂的「帳本」中，這些被稱為「會計科目表」（chart of accounts）。如果企業非常龐大，並有許多不斷變化的部門，那麼會計科目表就會非常龐雜。幸運的是，對我們來說，這些帳本都已經被彙總成「損益表」與「資產負債表」。當你閱讀這兩份財報時，一家企業所有不同帳本的基礎就呈現在你眼前。請回想第 3 章介紹過：

- **損益表**：收入、費用。
- **資產負債表**：資產、負債、股東權益。

往下討論複式簿記運作的例子時,請不要沮喪。第一次看到這些術語與應用方式時,沒有人能立刻完全了解一切。之所以要解釋這些資訊,是因為要讓你大致了解財報,並在閱讀之前知道發生了什麼事。

如果你曾短暫接觸會計學,表 5-1 可能會對你有幫助,這個表以適當術語陳述了某帳目是屬於借方或貸方。舉例來說,如果一項營收被加到損益表,就會被視為貸方。

表 5-1　借方與貸方在損益表、資產負債表的增減情況

損益表	借方	貸方
營收(或收入)	減少	增加
費用	增加	減少

資產負債表	借方	貸方
資產	增加	減少
負債	減少	增加
股東權益	減少	增加

讓我們從「T 字帳」(T-account)開始談起。T 字帳即為一個「T 型圖」,左側列出「借方」、右側列出「貸方」。這點很重要:借方永遠在左側,而貸方永遠在右側。如此一來,T 字帳看起來會像圖 5-1。

圖 5-1　T 字帳基本格式

現金（資產負債表的資產項目）

借方	貸方

看起來很簡單，對吧？讓我們用例子練習。假設某家公司在 1 月 1 日向銀行借 1 萬美元，因為這個貸款，公司持有的現金增加 1 萬美元。在把這筆帳目加入 T 字帳之前，必須考量複式簿記，只在公司每日帳本中記錄 1 萬美元是不夠的。如果公司借錢，一定也有人想把錢要回來，這必須反映在複式簿記中。

在這種情況下，我們會把這筆帳目稱為「應付票據」（notes payable），並且於帳目中增加 1 萬美元。應付票據是一個很直覺的會計術語，意味著「必須還清的貸款」。因此，當我們將這筆帳目納入複式簿記的 T 字帳時，就會像圖 5-2。

暫停一下，試著稍微思考這件事背後的機制。我們現在擁有了過去沒有的 1 萬美元，資產可以是建物、汽車，或是像此處的情況——現金。為了增加我們持有的現金，因此在資產項目中列為「借方」。

另一方面，這些是我們從銀行借來的錢，在支出之前，也應該在帳上反映出要償還的款項，因此以相同的方式在貸方記錄 1 萬美元，並增加在應付票據的負債項目。

圖 5-2　將應付票據納入 T 字帳

現金（資產負債表的資產項目）

借方（任何資產項目的增加）今日 1 萬美元	貸方（任何資產項目的減少）

應付票據（資產負債表的負債項目）

借方（任何負債項目的增加）	貸方（任何負債項目的減少）今日 1 萬美元

　　希望這個說明很直截了當。接續這個例子，假設我們在 6 天後想要償還尚未償還的貸款，或者說是應付票據，若是預計還款現金 1,000 美元的話，那麼 T 字帳看起來會如何？

　　圖 5-3 背後的想法其實很簡單：我們現在擁有現金 9,000 美元，但另一方面，也向銀行借了 9,000 美元——你應該知道為什麼這被稱作「複式簿記」了。

　　儘管複式簿記相當複雜，但是不用煩惱，你不應該被 T 字帳的借方與貸方等術語搞得頭昏腦脹。身為一個成功的股市投資者，你的工作是專注在大局上。複式簿記雖然是財報的基礎，不過你永遠不必面對其他 T 字帳。了解 T 字帳的重點在於：如果某一期財報列出的資金比上一期更大或更小，你就可以知道資金的流向。

圖 5-3　將預計償還的貸款納入 T 字帳

現金（資產負債表的資產項目）

借方（任何資產項目的增加） 1月1日分錄 1 萬美元 1月7日餘額 9,000 美元	貸方（任何資產項目的減少） 1月7日分錄 1,000 美元

應付票據（資產負債表的負債項目）

借方（任何負債項目的增加） 1月7日分錄 1,000 美元	貸方（任何負債項目的減少） 1月1日分錄 1 萬美元 1月7日餘額 9,000 美元

調查資金流向是成為聰明且成功投資人的工作之一。 本書其他內容的目的就是調查，舉例來說，一家公司的現金帳戶比前一年有所增加，業餘投資人只會停在這裡，說這是件好事；但認真的投資人會看現金流量表，觀察現金從何而來。如果現金來自貸款，那麼這是件值得興奮的事嗎？當然不是！那現金來自淨利呢？如果是這樣，對股票投資人來說當然是好事。

追蹤一家企業的現金流，就像水電師傅確認房子哪裡有漏水一樣。他會從水的源頭開始查看，接著水透過主閥門進入房子（淨利），最後到了水槽（股東權益或股利的增減）。一家管理完善且有所獲利的企業，會有大量的現金流進入帳戶。

現金基礎制

你應該了解的第一種會計制度是「現金基礎制」（cash-based accounting，又稱現金收付制），第二種則是「應收應付制」（accrual accounting，又稱權責發生制）。身為聰明的股票投資人，你肯定立刻想要熟悉後者。由於上市公司被迫使用應收應付制，因此本書也會以後者為主。

不過，在討論「應收應付制」之前，先從簡單的概念開始。現金基礎制正如其名，指的是基於現金收支的會計制度。只有當現金以實體或數位的方式進入銀行帳戶時，才會記下這筆交易紀錄。聽起來很簡單，不是嗎？確實如此，多數人生活以現金為主，應該很熟悉。假如你到星巴克（Starbucks）買咖啡，從口袋裡取出現金後，你就會拿到咖啡——這就是現金基礎制。

現在的企業交付商品或服務，通常不會和現金收支同時發生。如果公司在年底前就完成一項計畫，但隔年年初才會收到該計畫的款項，若是公司採用「現金基礎制」，因為現金直到第2年才會進入帳戶，因此這筆交易會被記錄在第2年。這是「現金基礎制」的基本原理：交易被記錄到帳面上的時間，是根據現金的流入或流出、使得帳戶現金產生變化的時候，而非交付商品或服務的時候。

這種會計制度對以現金制運作的小公司很有用，對小型的家

庭式企業可能沒有問題，但會計法規不允許大企業使用現金制會計，因為這個制度對追蹤營收與費用而言，十分緩慢且延遲，而「應收應付制」便因此而生。

應收應付制

簡單來說，應收應付制的支出，必須在交易發生時就記錄在帳上，而非付款時才記錄；同樣地，營收也必須在商品或服務交付時就記錄在帳上，而非收到款項時記錄。為了更容易了解這一點，假設你正在創業，商品是世界上最好的海灘球。為了讓更多商店引進商品，你需要提供樣品給沃爾瑪公司。

沃爾瑪收到了你的海灘球樣品，決定採購 1 萬顆，採購單上的交易條件是「90 天後付款」，也就是說，當你提供商品之後，沃爾瑪有 90 天的時間來準備付清這些海灘球的費用。根據應收應付制，即使這 90 天都沒有收到沃爾瑪的款項，你仍然要在今天的帳上列出這筆銷售。

這個部分的重點是買家尚未付款，事實上，這筆款項在 90 天後才會出現。

在分析財報，特別是即損益表與資產負債表時，你一定要記住上市公司是基於應收應付制來編列財報。如此一來，才會對公司的業績表現有更即時且明確的了解。然而凡事有利必有弊，雖

然應收應付制提升了真實性與即時性,但很多評論家認為這無法呈現實際現金流。

回到沃爾瑪的例子。儘管已經在財報中列出這筆銷售,但沒有任何機制可以避免沃爾瑪拖欠款項。在這個情境下,沃爾瑪可能不是最佳例子,但沒有收到款項的概念非常重要且適用。就跟個人一樣,企業也可能會破產,面對這種情況,財報中呈現的數字就無法出現在帳戶裡。

在你開始害怕,並把應收應付制視為經營事業的不良方法之前,我先重新介紹第 3 章提過的現金流量表的目的。到目前為止,我們只討論了損益表與資產負債表,但如你所見,現金流量表有助釐清模糊的應收應付制。

1987 年之前,公司提供財務資訊的方式只有損益表與資產負債表。不幸的是,投資人很難確認某些事情,例如:在資產負債表上,投資人看到公司增加了建物或設備規模,但支付這筆的錢從何而來?又或者,投資人看到損益表的最終數字顯示有淨利,當然會感到很高興,然而有多少淨利能夠確實轉換成現金可供使用呢?為了解決這些問題,並讓業主與投資人得以更全面地查看公司帳目,後來便決定公司財報應納入現金流量表。

簡短摘要

　　為了有些不知所措的讀者，這裡提供一個簡短摘要：會計制度以「複式簿記」為主，每個借方必定會有個貸方；在會計制度中的每筆分錄都有雙重影響，讓資產負債表保持平衡；借方與貸方是基於現金流入和流出，或是基於商品或服務的交付。

　　現金基礎制備受批評，為了提供真實且公正的觀點，上市公司被要求採用應收應付制的會計系統；雖然應收應付制可能會納入尚未付出的資金，但是卻提供了更為清楚且實際的公司業績樣貌，尤其是對股票投資人而言；解決應收應付制的不一致問題，最好的方法是徹底了解現金流量表。

CHAPTER

6

損益表
詳細解析

還記得巴菲特說過「會計是企業的語言」嗎？嗯，考慮到這一點，你應該把接下來的幾個章節視為學習一種新語言的文法要點。當你出國時，你會使用一些常見詞語；但若真想要精通這門語言，更是務必學好正確文法。因此，現在就開始深入討論「損益表」（income statement）。

介紹損益表？

你可能已經意識到，就投資學與會計學領域，同一件事有很多種術語，對損益表來說如此。損益表也稱為「獲利與損失表」（profit and loss statement）、「營運報表」（statement of operation）或「收益表」（statement of income）。不管如何稱呼（我覺得這些名稱是用來混淆大家的），損益表的唯一目的是呈現公司在某段期間的獲利能力。

正如我多次說過的，財務報表真的很容易理解，損益表當然也不例外。儘管如此，之所以很少人能夠理解損益表，是因為損益表看起來總是與眾不同。確實沒錯！損益表有各種不同會計科目，而且當你研究的公司不同，會計科目的名稱甚至也不同。例如，公司都把營收稱為「營業額」（turnover），某家公司看似忽略「折舊」（depreciation），而主要競爭對手卻把折舊列為主要支出。

不要被這一切混淆了──基本上，所有的損益表都是用相同

的方式建構而成。現在就舉個例子：第 3 章已經介紹過表 6-1 這張損益表。在這一章，我要分析每個會計科目，讓你徹底了解損益表。從最上方開始看起，首先你應該注意這份財報的類型或持續時間，這個例子是 2014 年的年報。一般來說，損益表都是年報或季報。

接著，查看第 1 個會計科目（1）與最後一個會計科目（13）。這兩個會計科目是損益表中最重要的部分：「營業收入」是公司所有的銷售額，「淨利」則是銷售產品所產生的「最終」獲利。舉例來說，可口可樂 2 公升的瓶裝飲料售價 2 美元（即第 1 個會計科目「營業收入」），但這項銷售的獲利也許只有 0.2 美元（即第 13 個會計科目「淨利」）。

剩下的就是簡單的部分了：位於第 1 個和最後一個會計科目之間的所有數字，都是「費用」或「負債」，使得 2 美元的營業收入帶來獲利 0.2 美元。在表 6-1 中，你可以看到整體營業收入是 1 萬 3,279 美元，獲利（或淨利）有 2,863 美元。

營收與收益的差別

那麼損益表中各個會計科目代表什麼意思？有什麼重要性？為了回答這個問題，我會分成幾個步驟。不過先簡單看一下損益表主要組成：

1. 營收與收益

    a. 主要活動收入。

    b. 次要活動收入。

    c. 收益。

2. 費用與損失

    a. 主要活動費用。

    b. 次要活動費用。

    c. 財務活動費用。

    d. 損失。

觀察這份清單，你會發現「營收與收益」中的所有項目都涉及正現金流量，「費用與損失」中的項目則涉及負現金流量，而這兩者之間的差距，就是損益表最後一個會計科目，也就是「淨利」或「淨虧損」。

讓我們從「收入與收益」開始討論起，這應該是每個投資者都很感興趣的部分：公司如何賺取收入。查看這3個類別（主要活動、次要活動與收益）時，每個類別都會在損益表上增加不同的正現金流量。記住，損益表是特定期間累積的數字，如果你每天賣出1瓶1美元的汽水，那麼當季損益表的收入就是90美元，非常簡單。

表 6-1　損益表的組成

2024 年度損益表		
1	營業收入	13,279
2	營業成本	5,348
3（＝1－2）	營業毛利	7,931
4	行銷費用	1,105
5	研究與發展費用	863
6	管理費用	538
7	其他營業費用	1,350
8（＝4＋5＋6＋7）	營業費用	3,856
9（＝3－8）	營業淨利	4,075
10	利息收入（支出）	（135）
11	其他收入（支出）	275
12	所得稅費用	1,352
13（＝9＋10＋11－12）	淨利	2,863

單位：美元

　　正如你預期的，許多市值數百萬或數十億美元的企業有各種賺錢的方法，舉例來說，公司不僅銷售汽水，也可以從其他投資或貸款獲得收入。這些正收入都被記入損益表，但歸屬為不同類別。以下是 3 種收入（或收益）的差別：

a. **主要活動收入**：這或許是新手投資人最容易理解的收入類型。簡而言之，這是公司主要商品或服務的銷售收入。回到汽水的例子，所有列在損益表的汽水銷售收入，都會被視為主要活動收入（或是稱作營業收入）。在表 6-1 中，公司擁有的主要活動收入是 1 萬 3,279 美元（第 1 個會計科目）。

b. **次要活動收入**：就像我先前提過的，並非所有收入都來自主要商品或服務的銷售。假設你的儲蓄帳戶中有先前銷售汽水而獲得的 1,000 美元現金，在銷售汽水的 3 個月期間，儲蓄帳戶中的 1,000 美元會因年利率 1% 而產生 2.5 美元的收入。

為了正確計算公司所有的收入，次要活動收入通常會包括損益表中名為「淨利息收入」的會計科目；若是牽涉其他的非財務活動收入，有時則會稱之為「其他收入」。你不用太在意這個會計科目的名稱，只要意識到有其他收入存在就好。

在表 6-1 的損益表中，我們看到有 135 美元的赤字，這表示前一年財務活動費用高於次要活動收入。我們會在後文進一步解釋這一點。

c. **收益**：假設你的汽水公司所在位置真的很好，你 5 年前以 1,000 美元買進這塊土地；然而，雖然這個地點絕佳，但

你想要搬到更大、更寬敞的建築物裡，因此你必須賣掉舊土地。當你將它釋出到市場時，你很高興發現能以 1,500 美元出售，因此獲利 500 美元。偶爾你會看到收益被列在損益表的「資產銷售收益（虧損）」中，了解收益不被視為營業收入是非常重要的一件事，而這也是收益或虧損有時會被稱為「其他收入（支出）」的原因。

表 6-2　損益表中的「收入與收益」

	2014 年度損益表	
1	營業收入	13,279
2	營業成本	5,348
3（＝1－2）	營業毛利	7,931
4	行銷費用	1,105
5	研究與發展費用	863
6	管理費用	538
7	其他營業費用	1,350
8（＝4＋5＋6＋7）	營業費用	3,856
9（＝3－8）	營業淨利	4,075
10	利息收入（支出）	-135
11	其他收入（支出）	275
12	所得稅費用	1,352
13（＝9＋10＋11－12）	淨利	2,863

單位：10 億美元

（註記：1 為主要活動收入；10、11 為次要活動收入／收益）

為了簡化，在一般的損益表中，我只用單一的會計科目來記錄所有其他收入與支出之間的差額。表 6-1 的數字是 275 美元，為正數，因此是獲利（詳見表 6-2）。

如同收入與收益在損益表上列為正數，負數也有十分相似的情況。

費用與損失的差異

a. 主要活動費用：相信你已經料想到這個會計科目，但主要活動費用只是產生營業收入時所導致的費用。舉例來說，如果主要活動收入來自於銷售汽水，那麼主要活動費用就會包括買糖，以及製造瓶罐的錫。對公司而言，主要活動費用是 5,348 美元，列於損益表的「營業成本」（第 2 個會計科目）。

b. 次要活動費用：如果某項費用與公司製造主要商品所使用的原物料或勞工沒有直接相關，就會被視為次要活動費用。你常會在損益表的主要活動費用下方發現這些費用，而次要活動費用包括：行銷費用、研究與發展費用、管理費用、其他營業費用等。

注意，你常會在損益表中發現這些會計科目以外的科目。切記，無論如何，公司都不能忽略這些費用，只有該如何披露這些資訊的問題而已。以汽車折舊的費用為

例,公司可以選擇用直線法折舊,或是將特定汽車的折舊歸屬於該資產所屬的部門,也就是有時折舊費用會被放在行銷費用,有時折舊費用會被歸類在研究與發展費用,以此類推。

以這個例子而言,次要活動費用(或是說營業費用)是3,856美元(第8個會計科目)。

c. 財務活動費用:表面看來,財務活動費用應該與次要活

表 6-3 損益表中的「費用與損失」

	年度損益表(2014 年)	
1	營業收入	13,279
2	營業成本	5,348
3(= 1 − 2)	營業毛利	7,931
4	行銷費用	1,105
5	研究與發展費用	863
6	管理費用	538
7	其他營業費用	1,350
8(= 4 + 5 + 6 + 7)	營業費用	3,856
9(= 3 − 8)	營業淨利	4,075
10	利息收入(支出)	−135
11	其他收入(支出)	275
12	所得稅費用	1,352
13(= 9 + 10 + 11 − 12)	淨利	2,863

單位:10 美元

(主要活動費用、次要活動費用、財務活動費用、損失)

動費用合計，畢竟兩者都是因借錢而產生的費用，且貸款也是用來維持公司營運。

儘管這是很直觀的感受，但我們還是以「利息費用」單獨列出，因為這並非日常營運的一部分。觀察表 6-3 第 10 個會計科目，就會很清楚呈現出的是經營以外的數字。以此例來說，財務活動費用是 135 美元，由於這個帳目與之前討論過的「次要活動收入」合計，因此我們會看到公司欠銀行或放款人的利息，比公司從債券或其他證券收到的利息還多。

d. 損失：了解某一損失在財報上要如何表列並不難。「損失」與公司商品或服務的主要活動沒有直接關係，也不是日常營運的一部分，而是「額外的活動」。對股票投資人來說，這一點很重要，因為額外的活動通常表示「有些不可預測的事情發生了」。葛拉漢警告過學生要密切注意額外的會計科目，還要試著評估這些會計科目對事業的影響來進行管理，才能減輕風險。

「損失」也是資產負債表上的資產價值與出售該資產所能獲得收益之間的差額。舉例來說，假設汽水公司為了加快汽水裝瓶的速度，買了一台機器，並且決定出售老舊機器。因為這台二手機器有點過時，無法以當初買進的價格 1,000 美元出售，只能以 500 美元賣出，這比在資

產負債表（列於「不動產、廠房與設備」）列出的價值少了 500 美元，因此要在損益表認列為 500 美元的「處分資產損失」❶。

就像前文提過的「收益」一樣，「損失」被視為「非營業收支項目」，因此你會在損益表末才找到該會計科目。總體而言，這個會計科目通常被稱為「其他收入（支出）」（如我們的例子），有時則被稱為「資產出售損益」。由於表 6-3 第 11 個會計科目的 275 美元是正數，因此我們得出結論：其他收入比其他支出還多，也就是說收益比損失還多。

綜上所述，我們來做個小結：損益表會受到費用與損失影響，要留意的是，會計科目「利息收入（支出）」與「其他收入（支出）」可以是正數，也可以是負數。

以全新視角看待損益表

接下來，我會總結這些資訊（詳見表 6-4）。若把我的損益表與市場上任一損益表比較，看起來可能會不太一樣。不要感到困惑，所有損益表都是以相同方式編列，只是會計科目名稱與呈

---

❶ 詳細說明一下，賣出老舊機器時，資產負債表上的現金科目會因這筆銷售增加 500 美元的資金，而因公司不再擁有該機器，所以資產負債表上的設備科目則會減少 1,000 美元，因此損益表上的損失科目必須列出 -500 美元，以表明這是買價與賣價的差額。

表 6-4　損益表的會計科目代表意義

年度損益表（2014 年）			
1	營業收入	13,279	← 主要活動收入
2	營業成本	5,348	← 主要活動費用
3（＝1－2）	營業毛利	7,931	← 總計
4	行銷費用	1,105	
5	研究與發展費用	863	← 次要活動費用
6	管理費用	538	
7	其他營業費用	1,350	（總計）
8（＝4＋5＋6＋7）	營業費用	3,856	← 次要活動收入（財務活動費用）
9（＝3－8）	營業淨利	4,075	
10	利息收入（支出）	－135	
11	其他收入（支出）	275	← 收益（損失）
12	所得稅費用	1,352	
13（＝9＋10＋11－12）	淨利	2,863	← 總計

單位：美元

現的數字不同罷了。最重要的是，無論怎麼編列，損益表的目的始終是要呈現公司的最終淨利。很多人對損益表感到困惑的原因之一，是由於收入與費用的編列看似十分隨意；實際上，損益表的編列非常合乎邏輯，現在就來仔細看看：

第 1～3 個會計科目：這幾個會計科目都與公司核心活動的收入與費用有關。以可口可樂為例，指的是汽水銷售（第 1 個會計科目）扣除糖、製造瓶罐的錫等原物料成本（第 2 個會計科

目），這也是稱其為「主要活動收入與費用」的原因；營業毛利（第 3 個會計科目）指的是主要活動的獲利總和。

第 4～9 個會計科目：這幾個會計科目都是次要費用。之所以稱為次要，是因為事業的經營會有許多附加成本，例如可口可樂在電視上投放廣告的費用、卡車運送汽水的費用，以及與商品製造沒有直接關聯性的其他費用（第 4～7 個會計科目）；第 8 個會計科目只是單純將費用加總；第 9 個會計科目則是考量這些費用後的營業淨利。

第 10～12 個會計科目：這幾個會計科目的共同點在於它們都與營運無關。正如你我所知，如果公司在銀行帳戶中有現金，那利息收入就會是正數；反之，向銀行借錢就會產生利息費用（第 10 個會計科目）；當你回想前文所提過的，知道有時會發生其他狀況，例如某建物的售價比原先的買價還高（或低），由於房地產不是可口可樂的日常業務，因此將其視為其他業務（第 11 個會計科目）；最後，所得稅（第 12 個會計科目）也不屬於日常業務，但必須繳納。

第 13 個會計科目：每個人都會仔細研究「淨利」，它指的是公司在這一年賺了多少錢。

解析各個會計科目

當我剛開始學習投資股票時，一直想要財報中每個專有詞語的整理摘要，我希望以下內容能提供這樣的資源。

閱讀這些內容時，選定一家上市公司並列印出損益表會很有幫助；如果你想多做一點，可以在列印出的損益表各個會計科目旁寫上這本書介紹該會計科目時的頁碼，以便日後參考。

第 1 個會計科目：營業收入

這個會計科目有時會被稱為「銷售金額」或「營業金額」。營業收入位於損益表的第 1 個會計科目，指的是該組織所進行的銷售行為。

舉例來說，每瓶可樂賣 1 美元，共銷售 10 瓶，那麼公司的營業收入就是 10 美元（＝1 美元 ×10 瓶），也就是將「商品或服務的價格乘上銷售數量」。當你每次購買可樂時，實際上就是在增加可口可樂提報的營業收入。

這個例子簡化了會計的計算，真正的計算其實更為複雜。商品或服務的價格難以在 1 年之內都保持不動，因此要製作每天的銷售分錄以記錄組織的準確收入。從投資角度來看，這是非常重要的數字，因為如果企業無法產生穩定或持續成長的營業收入，就不可能提供足夠的報酬給投資人。

現在開始分析營業收入。你可能已經在損益表上看到說明可口可樂營業收入的文字。身為一個知識型投資人，你需要更多訊息來了解這些營業收入是如何產生的（尤其當公司營業收入惡化時）。如果你對收入增加的原因很有興趣，可以深入研究年報或季報，並找到「淨營業收入」部分。

無論研究的是哪一家公司，每個會計科目的數字會在損益表中加以說明。舉例來說，可口可樂的業務是根據地理分布加以區分，會根據各地理區域的銷售來顯示營業收入；細分的營運報告，則有助於辨別出業績表現好與表現不好的區域。

第 2 個會計科目：營業成本

這個會計科目有很多不同的名稱，如「銷售成本」、「銷售商品成本」與「生產成本」等。在我看來，最好的表達方式是「營業成本」，因為這就是這個會計科目所要表達的意思，也就是公司生產主要商品或服務的相關成本。如果你想看更多有關這個數字的資訊，可以深入了解年報的會計編製做法，法律有要求須披露營業成本的計算方式。

一家公司在銷售商品前後，必定會衍生出與銷售相關的「直接成本」（direct cost）。舉例來說，可口可樂想要銷售 10 瓶可樂，在生產這些糖）與間接原物料成本（如生產瓶罐的錫）；同時，生產商品也需要勞工，公司必須將生產商品時會產生的所有

成本都納入考量。

任何從事製造商品的公司，都必須將「製造帳戶」獨立出來；若是將商品生產外包給其他公司，則需要報告外包的總成本金額。無論如何，基本概念是要全盤考量所有與商品生產有關的直接成本，並且顯示在損益表的「營業成本」會計科目中。

重點在「直接成本」，因為這是銷售每單位商品所需要的成本，而非其他「成本動因」（cost driver ❷）所導致的成本。我們可以清楚確定每單位的勞工成本或每單位商品所需要的原物料成本，當銷售增加時，各種銷售成本必然也會增加。舉例來說，可口可樂的直接勞工成本是 0.2 美元，而直接原物料成本是 0.35 美元，那麼每瓶可樂的直接成本就是 0.55 美元，如果銷售 10 瓶可樂，總營業成本就是 5.5 美元（= 0.55 美元 × 10 瓶）。

這個例子要表達的是，在每單位價格固定的情況下，銷售增加，銷售成本必定也會增加。注意，公司在產生營業收入前，並不會有營業成本，也就是說，在可口可樂賣出第 11 瓶飲料之前，不會將任何營業成本記錄在帳目上。

現在的問題是，為什麼銷售成本或營業成本對投資人來說很重要？一般而言，營業成本會是損益表中最大的成本科目，進而

---

❷ 編按：引發成本變動的因素。

影響公司維持直接成本並產生毛利的程度，因此投資人必須了解與組織相關的直接成本結構。

若是公司的營業成本非常高，例如可口可樂生產 1 瓶飲料的成本是 0.95 美元，那麼 1 美元的售價就無法為公司帶來良好的毛利，當營業成本高到幾乎等於營業收入時，我們很快就能判定該公司的商品很難產生可觀的獲利。記得嗎？我們還沒有考量行銷或研發等次要活動費用。

巴菲特說過，在買進股票之前，投資人必須對公司進行完整的財務分析，其中也包括基本的成本動因（如營業成本）。同樣以可口可樂為例，生產飲料的主要原物料是糖，也就表示公司很容易受到糖價變化影響，其波動可能會迅速侵蝕或帶來獲利。

投資人必須密切注意營業成本的趨勢。如果銷售保持穩定，但營業成本持續增加，就會發展成負向趨勢，而了解這個趨勢是管理風險與報酬的本質。之後在比率分析的部分，我會有更詳細的說明。

第 3 個會計科目：營業毛利

這個會計科目有時會被稱為「毛利」或「加成」，指的是核心商品或服務的營業收入減去製造商品或提供服務時所產生的相關直接成本。繼續以可口可樂來說明，每瓶可樂的售價是 1

美元、直接成本是 0.55 美元，那麼營業收入減去營業成本就是 0.45 美元，即這項業務實際產生的營業毛利。營業毛利的本質是用來衡量組織效率，也就是管理階層控制營業直接成本，同時增加銷售的能力。

投資人無法比較不同產業之間的公司毛利，因為這往往會發生誤導性的假設，也無法提供評估公司業績表現的相對標準。身為投資人，你必須分析營業毛利，但在沒有清楚了解基本概念與產業標準之前，不要過度解讀這個數字。

第 4 個會計科目：行銷費用

這個會計科目有時會與「管理費用」合併，稱為「銷售、總務與行政費用」。雖然行銷費用是次要活動費用，與商品或服務沒有直接相關，但你無法否認廣告帶進銷售的重要性。假設可口可樂推出新飲料，但沒有進行宣傳，消費者就不會知道有這款新商品，因此可口可樂也難以從這項商品獲得營業收入。

對現今的公司而言，廣告是花費最大的成本之一，這項成本會被記錄在損益表上；此外，你也需要配送商品，才能讓消費者買得到，這麼一來又會產生經銷成本，這也會被納入行銷費用。

第 5 個會計科目：研究與發展費用

這是由消費者主導的世界，因此公司必須持續進行研發，努力推出新商品或新服務，開拓不同的市場區隔。持續創新，意味著公司要承擔特定商品或服務的相關研發費用，就開發而言，通常還要包括發行正式商品之前的原型商品製造費用，這些屬於次要活動成本，因此要從營業毛利中扣除。

不同組織產生的研發成本，會根據所處產業的商品或服務特性而有所不同。舉例來說，手機公司必須不斷地創新來維持競爭力，因此需要大量的研發成本；相反地，在穩定市場經營的公司，研發成本比較低，例如可口可樂，這樣的公司不需要大量的研發成本，因為商品已經銷售了數十年，且具有可持續性的優勢。

記住一件很重要的事，那就是要投資在擁有持久競爭優勢的公司（詳見第 4 章之原則 3 規則 2），這類公司的研發成本有限，核心競爭力的營業毛利就得以相對增加。

第 6 個會計科目：管理費用

需要管理大規模銷售的公司，其管理費用通常會產生極大影響。以可口可樂為例，生產瓶罐有運作機器的相關人力成本，這種人力成本與生產直接相關，屬於營業成本的一部分。

不過可口可樂還有其他人力成本──負責公司經營的頂尖白領經理人呢？這些並不是免費的人力資源；事實上，這種人力成本非常高，他們的薪水不屬於生產成本，而是管理費用中的間接費用。

身為投資人，要注意公司損益表上顯示的管理費用，因為這個數字很可能會被修飾。仔細研究這些費用，並確認是否有任何異常趨勢；你也可以與其他類似的公司相互比較，以判斷財報數字背後的真實情況。

第 7 個會計科目：其他營業費用

對大公司而言，次要活動費用可說是無窮無盡，包括管理階層的薪水、折舊、租金、行銷、廣告與新商品的研發費用等。在損益表維持一頁的情況下，不可能把這些費用都詳列出來，因此損益表中的其他營業費用，指的就是無法歸類到公司主要間接費用的雜項，任何雜項費用都屬於這個會計科目，例如租賃或資訊科技（IT）運作的費用等。

第 8 個會計科目：營業費用

這個會計科目是所有次要活動費用的總和。到目前為止，你應該已清楚了解哪些費用跟商品有直接相關，哪些則跟營運相關。將次要活動費用加總起來，可以讓投資人大致了解公司配置

間接費用的效率。

第 9 個會計科目：營業淨利

這個位於損益表中間的結算，通常稱為「稅前息前盈餘」（Earnings Before Interest and Taxes，EBIT）。

至今我們已經在解讀損益表上有很大的進展，這是很重要的中繼點，因為它能讓投資人更了解公司如何處理未來的債務。

由於尚未從公司的獲利中扣除融資費用，因此可以將「營業淨利」與第 10 個會計科目「利息收入（支出）」進行比較，這對還息（或還債）能夠有更深入的了解。不妨這樣思考，假設在扣除常規費用之後，當年度你賺進 3 萬美元，然而你有大量債務，每年需要付出高額利息 2 萬 5,000 美元──根據這些數字，你很快就會發現，久而久之，你的債務會逐漸侵蝕儲蓄的能力。以表 6-4 為例，你可以比較第 9 個和第 10 個會計科目，得知公司目前的獲利（扣除其他費用之前）是 4,075 美元，未償還的債務只有 135 美元的利息，因此這是一個非常安全且可觀的比率 3.3%（= 135 美元／4,075 美元）。

這是我們目前學過的簡短概要。你已經知道營業收入，回想一下，並從潛在投資人的角度來分析這個數字的重要性。到目前為止，所有的計算都是基於企業經營，因此這個數字能呈現出公

司正常業務運作下所產生的獲利，對投資人來說，知道這一點非常重要。

切記，企業的基礎是藉由製造商品或提供服務，來讓獲利能力最大化。然而，這個前提是公司必須能夠控制營運費用，且營業收入達到最大化，獲利能力才能最大化。事實上，「營業淨利」是效率的指標，而「營業毛利」則是公司在特定銷售水準上創造獲利的能力。

第10個會計科目：利息收入（支出）

這個會計科目有時會被稱為「財務項目」或「其他收入（支出）」，有這些不同名稱的原因之一，是因為你確實會在這上面花很多心力。

以我來看，最適合這個會計科目的名稱是「利息收入（支出）」，因為該會計科目受財務的影響最大。這個會計科目偶爾會被分成2部分，分別為「利息收入」與「利息支出」，但最常見的情況是合併利息的收入與支出，只呈現正值或負值。

來看看「利息收入」是如何產生的。公司常常會有大量尚未使用的資金，而這些錢通常被放在銀行帳戶或投資於短期債券，所得就會列入損益表的利息收入；那麼又是如何產生利息支出的呢？這是企業償還債務時產生的成本，與利息收入正好相反。

一般來說，這個會計科目是負值而非正值。會有這種情況，是因為公司將債務作為融資來源，同時保留銀行的現金以提供日常營運的彈性。

　　就像對營業淨利（第 9 個會計科目）的討論一樣，我們也來看看利息支出過高的影響。假設一家公司向銀行借款 10 萬美元，利率為 10%，由此可知，每年須支付利息 1 萬美元；如果公司的營業淨利只有 2 萬美元，我們會發現有一半的獲利因為貸款而被侵蝕掉了。利息支出等同於直接從股東口袋掏出錢來，因此若公司有太高的利息支出，務必要小心為上。

　　順道一提，公司需要在資產負債表中建立一個「沉沒帳戶」（sunk account），每年須預留資金來償還 10 萬美元的本金，因為每年付出的 1 萬美元只夠用來支付貸款利息。

　　也別忘了，這個會計科目不只是財務項目，還有一些不屬於公司日常營運、從其他資源產生的其他收入或支出，例如出租一定面積的資產等。在這種情況下，租金收入並不是公司的主要活動收入，因此要歸於這個會計科目；此外，這一點也與據點廣泛的跨國公司較為相關，因為這些公司極有可能受到外匯調整的風險影響，進而產生正面或負面的影響。

第 11 個會計科目：其他收入（支出）

顧名思義，「其他」指的是不屬於日常運作的部分，而且無法預期。聽起來有點抽象，讓我舉幾個例子：大型公司有時會碰到特殊訴訟，訴訟造成的損失難以預測，因此可被歸類為「一次性事件」（one-time event）；又或者，公司重組也會產生費用，當一家公司決定關閉子公司、整合 2 個部門，或是因某些理由而決定改組時，可能會產生很多成本，例如需要支付員工的資遣費等。同樣地，這都是我們無法預期、並非定期發生的事──這就是「其他」事件。

然而，不一定只有支出，有時也會產生其他收入。想像一下，可口可樂剛以 500 萬美元買了新建物與土地，而某家房地產公司想要買下，因此支付可口可樂 600 萬美元，意即可口可樂得到 100 萬美元獲利。由於土地買賣並不屬於可口可樂的主要業務，因此這項獲利應提報為其他收入。

當你試著確定一家公司真正的現金流時，很多投資人會在自己的模型中排除其他收入，話雖如此，仍有不少保守的分析師會在模型中納入近幾年的平均其他收入（支出）（如近 5 年的平均每年費用）。

第 12 個會計科目：所得稅費用

我之前保證損益表不難理解。不用擔心，我會信守承諾，即使是所得稅也不難理解。

在「所得稅費用」這個會計科目上方，有時你會找到一個名為「稅前收入」（Income Before Tax 或 Pretax Income）的會計科目（為了簡單起見，本章的例子並未包含此會計科目），每家公司都必須根據這個數字繳納所得稅。如果稅率是 30%、稅前收入是 100 美元，那麼該公司就要繳納 30 美元的所得稅。

目前為止，我信守承諾，不過現在可能很難遵守了。如果你查看大多數公司年報，可能會發現計算結果不像我說的簡單、一致。有時公司要繳納的稅率是 10%，有時則是 40%，常見的情況是在這兩者之間。

稅率差異很大有各種原因，位於不同國家的大型企業必須繳納各國部分稅負，而不同國家的稅率也各有不同。此外，如果公司有某一年度出現赤字，可以認列損失，之後得以減免稅負。部分產業（如銀行業和能源業等）則是受到不同於其他產業的稅法監管。

這是否表示只要按照規定的稅率來計算即可，不用擔憂？不，對任何公司來說，稅負都是一筆高額的費用，正如你相對願意投資在高效率研發部門一樣，你也寧願投資在一家擁有低稅率

的公司。因此，你應該查看「一段期間」的稅率，而不是某一時點的資料。與會計學的很多情況一樣，重點是分析一家公司的稅負趨勢，並且尋找一致性，如果找不到一致性，就要了解原因。

第 13 個會計科目：淨利

有時這個會計科目被稱為「當年度獲利」或「持續營業淨利」。你現在應該可以鬆一口氣，因為已經來到了損益表最後一個會計科目，而你勝券在握。

這並不難，你得到各種收入與收益，然後扣除各種費用與損失後，你會得到什麼？最後就是「淨利」——永遠記住，損益表真的這麼簡單。

損益表的最終檢視

截至此時，你應該對損益表有足夠深刻的認識了。我們最後再回頭看一遍表 6-4，現在它看起來沒那麼嚇人了。

我的目標是要幫你完全消除損益表的神祕感。也許你覺得似乎缺少某些訊息，例如折舊在哪裡？稅前收入呢？在某些公司的損益表中，你肯定會看到許多沒提過的會計術語。

為了說明我的觀點，來看一下折舊。首先記住，折舊是某一資產的會計價值損失。假設一輛價值 1 萬美元的汽車要花 5 年折

舊，這表示 1 年費用是 2,000 美元。顯然地，折舊是公司的主要活動費用，那麼應該列在何處？

實際上，它已經被包含於某處：銷售人員使用的汽車，折舊包含在「行銷費用」；高階主管使用的汽車，折舊則包含在「管理費用」。如果我把折舊放在同一個會計科目，這會讓損益表更詳細，但也較難保持全面概貌。

這是一種權衡取捨，只要記住一件事：無論收入、費用如何呈現，最後的「淨利」總是會得到相同結果。

如果你研究可口可樂這類大公司的完整損益表，會發現每個會計科目下方都有很多次科目（如營業收入的科目下有 50 個次科目等），你對了解這些數字背後實際情況的興趣，會對你投資這家公司要承擔的風險與投入的資金產生直接影響。

再來看「稅前收入」。你會在損益表位於「所得稅費用」前的會計科目，發現這個總計數字。這個會計科目偶爾會出現，是因為有些人認為比較公司的稅前數字較有用處，如果你抱持相同看法，那麼當損益表上沒有這個會計科目時，不要洩氣，你可以自己動手計算。

如你所見，你已經很了解損益表，因此在其他損益表中會看到許多學過的會計科目，不過仍可能看到不熟悉的科目與表達方式。遇到這種情況，善用 Google 搜尋就能迅速幫助你了解。核

心基礎是你已經知道損益表如何運作，這才是學習的最重要部分。

損益表的比率分析

現在我們已完成損益表了，對吧？你能閱讀並理解大部分公司的損益表，而且沒什麼大問題，這樣很好，對吧？所有的努力都有了回報！

那麼這裡要談的「比率分析」是什麼呢？說明起來相當簡單。作為一個價值投資人，你不僅會對尋找一家好公司有興趣，可能的話，你會對投資最好的公司更有興趣，而這正是比率分析的用處。藉由比較2家不同的公司，你可以觀察哪一家的營業毛利或淨利表現較佳。

在比較不同的公司時，價值投資人會研究近幾年的比率數字，並且會尋找發展的趨勢與解釋；此外，價值投資人也很清楚，為了進行精準分析，必須要比較相同產業的公司。

為了說明比率分析，我挑選了幾個要向你介紹的主要獲利比率，並會繼續以可口可樂為例；同時，為了與之比較，我也選了可口可樂的競爭對手：百事可樂（Pepsi）。

毛利率（Gross Profit Margin Ratio）

回到表 6-1 的損益表範例。這家公司的營業收入是 1 萬 3,279 美元、營業成本是 5,348 美元，計算之後，營業毛利為 7,931 美元。毛利率的計算公式如下：

毛利率＝營業毛利／營業收入

毛利率＝7,931 美元／1 萬 3,279 美元

　　　＝59.7%

59.7% 這個數字，表達了什麼事情？它告訴我們，當可口可樂每銷售 100 美元的飲料時，就會產生 59.7 美元的營業毛利——這是扣除所有與商品相關的直接成本（如糖、錫罐的成本等）之後的數字。

這是一個非常簡潔的衡量。我們不僅對可口可樂進行了分析，它還顯示了公司控制直接成本的效率，現在我們有了可以將可口可樂與競爭對手比較的基準點。

身為價值投資者的你，如果開始研究可口可樂，也會想要仔細研究百事可樂，這是比率分析的優點。即使公司規模不同，這個比率還是可以成為不同公司之間相互比較的指標。假設百事

可樂的營業毛利是 805 美元、營業收入是 1,283 美元，毛利率為 62.7%（＝805 美元／1,283 美元）。

在這個例子中，百事可樂的獲利（相對而言）顯得比可口可樂更好，即使這家公司的「營業收入」與「營業毛利」的數字比可口可樂低很多。

營業淨利率（Operating Margin Ratio）

說到計算「營業淨利率」，沒什麼困難的。只需要替換「營業毛利」，把「營業淨利」放入公式即可。

根據表 6-1 損益表，得到以下結果：

營業淨利率＝營業淨利／營業收入

營業淨利率＝4,075 美元／1 萬 3,279 美元

＝30.7%

那麼 30.7% 是什麼意思？如果可口可樂的營業淨利率是 30.7%，表示公司每銷售 100 美元的可樂，就會產生 30.7 美元的淨利——這不僅已經扣除了售出可樂時的營業成本（如糖與錫罐），也將行政、行銷、經銷與各種公司日常營運相關的次要活

動費用統統納入考量。

同樣地，看一下競爭對手的表現。假設百事可樂的營業淨利是 376 美元，營業淨利率就是 29.3%（= 376 美元／1,283 美元）。有趣的事情發生了！在例子中，百事可樂有較高的毛利率，但是營業淨利率卻較低。換句話說，這個分析告訴我們，百事可樂雖然在控制飲料銷售的直接成本上較有效率，但納入每日營運成本後，反而比較沒有效率。

身為投資人，你會發現調查百事可樂的「次要活動費用」為什麼比可口可樂還高，是一件很有趣的事。

淨利率（Net Income Margin Ratio）

現在來到損益表的最底部。我們仍然在比較營業收入，這是基準點，但要開始綜觀全局。淨利率公式如下：

淨利率 = 淨利／營業收入

淨利率 = 2,863 美元／1 萬 3,279 美元

= 21.6%

這個數字意味著什麼？如果可口可樂出售每 100 美元的飲

料,有 21.6 美元成為淨利。

要注意的是,「淨利率」與公司為銷售每個商品所收取的金錢相比,才是投資人賺到的獲利。

再次與百事可樂比較。假設百事可樂的淨利是 158 美元,如此一來,淨利率就是 12.3%(＝ 158 美元／ 1,283 美元),這樣就更有趣了!就營業淨利率而言,可口可樂的表現只比百事可樂稍微好一點,但在淨利率上卻有很大的差距。

這意味著百事可樂擁有可口可樂所沒有的大量非營業費用嗎?你還記得損益表第 10 個、第 11 個和第 12 個會計科目嗎?就算沒有看到百事可樂的損益表,也能猜想百事可樂可能有很高的利息支出(意即有更多的負債),並且可能因其他費用而蒙受損失,或是與可口可樂相比之下更高的稅負。

因此,從這個例子的獲利比率分析來看,我們可以得出結論:如果把所有費用與損失都納入考量,可口可樂比百事可樂的獲利能力更佳。

現在討論比率分析中真正重要的部分,那就是「趨勢」。即時查看這些資訊時,或許有人會試著得出結論,認為可口可樂是比百事可樂更好的公司。雖然這對當下評估的年度而言可能是正確的,但仍應該透過分析每年比率,得到更完善的真實情況。

趨勢分析是了解未來業績前景的核心,舉例來說,可口可樂

也許今年表現很好,但過去 5 年,百事可樂的淨利率持續進步,而可口可樂則愈變愈糟。如果這個趨勢很穩定,甚至具可預測性,那麼比率數字的進步,在評估長期風險時就會很有價值。

利息保障倍數（Interest Coverage Ratio）

損益表最後一個比率分析指標是「利息保障倍數」（類似先前討論的利息收入）,**這對如何使風險降到最低,極其重要。**

我們已研究過巴菲特 4 大投資原則之一的「負債權益比」,而利息保障倍數與負債權益比相似,目的是確認公司債務的直接影響。不妨這樣想:

- **利息保障倍數**：「我每個月月底要花掉 2,000 美元,其中有 1,500 美元要用來付貸款利息。」
- **負債權益比**：「我的債務共有 10 萬美元,而淨資產只有 5 萬美元。」

如你所見,利息保障倍數是很重要的數字,因為它展現了公司在慘澹經營下的實際能力,如果公司無法支付貸款利息,那麼很快就會有麻煩。利息保障倍數的公式如下:

利息保障倍數＝營業淨利／利息收入（支出）

利息保障倍數＝ 4,075 美元／ 135 美元

= 30.2 倍

　　如果這是可口可樂的實際數字，表示這家公司有能力從營業淨利支付 30.2 倍的利息，非常安全！

　　根據經驗法則，我希望看到穩定的利息保障倍數至少是 5 倍。這也意味著，如果與競爭對手百事可樂相比，當百事可樂的利息保障倍數是 50 倍時，則無法做出百事可樂風險比較低的結論，因為兩者都會被視為是穩定且安全的公司。

總結

　　研究一家公司的比率分析時，我認為最重要的 2 個比率是「淨利率」與「利息保障倍數」。

　　「淨利率」很重要，是因為顯示了公司的獲利能力。舉例來說，假設公司銷售 100 美元的飲料，淨利是 20 美元，那麼淨利率就是 20%，意即每 1 美元會得到 20 美分。如果一家公司的「營業毛利」很低，通常也意味著，它缺乏那些擁有強勁營業毛利公司有的彈性與敏捷。

利息保障倍數很重要，是因為它會指出該公司是否具有風險。正確辨識出風險並降低曝險，可以保護你的核心投資，並且在長期持有期間內持續提供報酬。

CHAPTER

7

資產負債表
詳細解析

我第一次介紹資產負債表是在第 3 章，以你的個人財務狀況與一家公司的財務狀況來說明資產負債表。這一章會深入了解會計的世界，並認識資產負債表每個會計科目。首先複習一下資產負債表是什麼。

介紹資產負債表？

資產負債表分成 3 大類：「資產」、「股東權益」與「負債」。在我看來，先研究「資產」是解釋三者關係最簡單的方式。資產就是公司擁有的東西，當我們查看像可口可樂（Coca-Cola）這樣的公司時，會看到公司擁有各種資產，包括建物、機器，還有已生產但尚未出售的可樂罐等。

資產進行融資的方式有 2 種：

1. 用公司的資金，稱之為「股東權益」；

2. 用其他人的錢，稱之為「負債」。在一開始接觸資產負債表時，這是最需要知道的事情。

表 7-1 是一個簡化的資產負債表。事實上，資產負債表非常基本，且機制也沒有比你在表 7-1 看到的還難。假設你以 1 萬美

表 7-1　簡化的資產負債表

資產	股東權益
10,000	2,000
	負債
	8,000

單位：美元

元買進一輛車，且先付 2,000 美元的頭期款，然後向銀行貸款剩下的 8,000 美元，就像表 7-1 一樣。

這其實非常簡單，當你擁有一項資產時，不是用自己的錢（股東權益）買進，就是用其他人的錢（負債）買進。由於資產只會透過股東權益或負債來融資，因此兩邊數字一定會相同，始終保持平衡。

解析各個會計科目

接著，以更實際的例子來觀察資產負債表。想當然耳，公司也許不只擁有一輛車，還有更多其他資產，但原理都一樣。為了使這個過程盡可能簡單，我在表 7-2 的相應會計科目旁都加上了數字，這樣你就容易知道資產負債表是如何組成的。

資產

表 7-2　資產負債表的組成

	資產			負債	
1	現金與約當現金	1,847	1	應付帳款	2,183
2	應收帳款	3,897	2	應付票據	498
3	存貨	2,486	3	應計費用	854
4	其他流動資產	638	4	應付稅款	427
5	預付費用	285	5（＝1+2+3+4）	流動負債合計	3,962
6（＝1+2+3+4+5）	流動資產合計	9,153	6	長期債務	3,211
7	非流動應收帳款	1,811	7	遞延所得稅	1,242
8	非流動投資	2,768	8	負債準備	273
9	不動產、廠房與設備	8,292	9（＝6+7+8）	非流動負債合計	4,726
10	專利、商標與其他無形資產	1,827	10（＝5+9）	負債總額	8,688
11	商譽	3,235	11	股本	400
12（＝7+8+9+10+11）	非流動資產合計	17,933	12	資本公積	3,261
13（＝6+12）	資產總額	27,086	13	保留盈餘	15,590
			14	庫藏股	-853
			15（＝11+12+13+14）	權益總額	18,398
			16（＝10+15）	負債與權益總計	27,086

單位：美元

立刻開始深入了解「資產」吧！一談到「資產」，你可能會想到汽車和建物。但要如何定義「資產」？會計學會說「資產是

擁有的某些東西,並預期會為公司帶來收入」。這聽起來很簡單,對吧?當我不確定某個東西是資產或負債時,我會用這個標準來判斷:它可以幫公司賺錢嗎?

但這還不是全部。在對各類型的資產有更多討論之前,讓我們看看資產的兩大類別:「流動資產」(Current Assets)與「非流動資產」(Non-Current Assets)。

流動資產可以定義為「1年內能夠轉換成現金」的任何資產,最簡單的例子就是現金,其他例子還包括應收帳款與存貨等;非流動資產有時會被稱為「長期資產」,企業可能有一些「預期會持有超過1年、且無法立即變現」的資產,包括用來生產的機器、建物與汽車等。

為何會計師要大費周章地定義不同類型的資產?區分各種資產的目的是要在投資者呈現公司財務狀況的真實樣貌,這也是資產負債表被稱作「財務狀況表」(the statement of financial position)的原因。

流動資產

現在可以來看流動資產了。你應該還記得,流動資產是公司預期在未來12個月內可以變現的東西。我已經按照流動性列出了一些流動資產,先從流動性最高的資產開始,並再次以可口可

樂為例。

資產第 1 項》現金與約當現金：這個會計科目有時會被稱為「現金、約當現金與有價證券」，當我們提到現金時，除了收銀機裡的現金，還有安全存放在銀行帳戶的現金。

約當現金指的是目前以不同型式存在但可立即轉換為現金，例如貨幣市場基金、儲蓄存款與定期存款等。這些資產很容易轉換成現金，因此稱為「約當現金」。

資產第 2 項》應收帳款：這個會計科目有時會被稱為「應收款」或「淨應收款」。大多數企業銷售時，常常以賒銷取代現金交易。舉例來說，可口可樂或許會以 1,000 美元賒銷飲料給沃爾瑪公司。

實際上，這筆賒銷是可口可樂的資產之一，因為它會在未來某個時間點轉換成現金，通常會在 60～90 天內兌現；換句話說，這筆應收帳款其實也是可口可樂提供給沃爾瑪公司的無息貸款。由於大多會在 12 個月內完成支付，因此被歸類為「流動資產」。

一般來說，這個會計科目是由商品或服務的賒銷所組成，但也可以包含預期經常性收入（如各種證券的利息）。在這種情況下，你也許會看到這筆帳目名稱被簡化為「應收帳款」。總之，這筆錢代表公司預計將收到的資金，只是尚未收到罷了。

資產第 3 項》存貨：這個會計科目有時會被稱為「庫存」。所有公司幾乎都有庫存，大致上可以分成以下 3 類：原物料、在製品與成品。

對可口可樂來說，糖是非常重要的成分之一。公司購買的粗糖會直接進入庫存，這個類別就稱為「原物料」，這部分存貨的價值通常反映的是購買成本。

顯然地，可樂需要被製造出來，從最初的原物料到最終可以被飲用，期間有著不同的製造階段。在這個過程中，會產生一些額外成本，操作機器的勞工成本就是其中之一，而這類庫存就稱為在製品。

當可樂製造完成、等待銷售的這段期間，這類庫存則是成品。當然，商品完成後也會產生額外成本，例如包裝費用等。

在資產負債表上看到「存貨」這個會計科目時，都是以上 3 類存貨的加總數字，如果你對此有興趣，年報通常會提供更詳細的說明，你能得知更確切的組成成分。

資產第 4 項》其他流動資產：任何不符合前文 3 種資產項的流動資產，都屬於「其他流動資產」這個概括的會計科目。這些資產很可能會在 12 個月內轉換成現金，包括可出售的不動產、廠房和設備，或是任何預期會在 1 年內出售的資產。

這個資產項也包括用來作為避險工具的衍生性商品，例如外

匯期貨或商品期貨等。如果一家公司擁有衍生性商品合約，可能是公司想要讓風險在靈活且難以預測的市場（如糖價）降到最低的方法。

資產第 5 項》預付費用：公司偶爾會在必須支付費用的日子之前先預付款項。舉例來說，可口可樂舉辦行銷活動，並提前 6 個月把錢付給經銷商，如果可口可樂在 11 月底支付了這筆款項，那麼我們會於此帳戶中，將這筆費用分配在剩下 5 個月裡，證明這個行銷活動仍在進行。此外，因為每個月都會消耗資金，帳戶的錢會逐漸減少，最終成為損益表的費用之一。

「預付費用」往往是流動資產中最不具流動性的會計科目。想像一下，可口可樂正處於流動性危機（意即公司急需現金），大多數合約應該不會同意讓可口可樂取回那些已支付出去的資金，這就像有人要求退還在年初所支付的雜誌訂閱費用一樣──「預付費用」會被列在流動資產會計科目的最下方，就是因為它流動性最低、最難變現。

資產第 6 項》流動資產合計：把可口可樂未來 12 個月內預期可以變現的資產加總起來，就會得到「流動資產合計」。正如你在表 7-2 那張資產負債表上看到的編號，資產項下的第 6 個會計科目，就是第 1 個～第 5 個會計科目的總和。

非流動資產

接下來看看非流動資產吧。以下這些資產無法在未來 12 個月內轉換成現金：

資產第 7 項》非流動應收帳款：應收帳款是公司預期會從某處收回的款項，因為是非流動性，表示這筆錢雖然會被收回，但不會發生在未來 12 個月內。企業常常會進行賒銷交易，對非常大型的公司來說，簽下超過 1 年的合約可說是稀鬆平常的事，有時甚至直到合約終止，對方才需要支付全額款項。

資產第 8 項》非流動投資：這個會計科目有時會被稱為「長期投資」。一家公司偶爾會進行長期投資，試圖從非營業資產中獲得收入。舉例來說，可口可樂公司也許會買下與飲料沒有直接相關的公司，除了股票，也可能擁有一些可出售或持有到期的債券或債權憑證。

身為投資人，你有權利質疑公司為何要持有這些長期投資。你可能會爭辯，認為一家擁有大量投資的公司，通常不太會專注於核心活動上，這往往是一個不好的訊號；反之，這些投資也可能表示公司採用多元化政策，即使外部環境發生改變，仍可以維持獲利。

資產第 9 項》不動產、廠房與設備：顧名思義，指的是可以歸類為不動產（Property）、廠房（Plant）與設備（Equipment）的有形資產，有時會簡稱為「PPE」。無論是建物或土地，抑或

是製造設備或單純的辦公設施，這些都是投資人非常感興趣的資產類型。

一家公司的非流動資產會決定營運能力。與只專注於銷售商品或提供服務的公司不同，像可口可樂這樣生產某種特定商品的公司，可能會擁有較多的不動產、廠房或設備。

雖然擁有很多建物或設備似乎很吸引人，但公司最大筆的一些費用，往往也與這類資產有關。有形資產必須時常更新，因此總是有大筆的帳單等著付清。

試想，像希爾頓飯店（Hilton Hotels）這樣的公司，為了維持市場競爭力，勢必要持續升級建物並支付整修費用。最終，所有帳單仍是由公司股東埋單──這就是為什麼我們希望公司只要有能產生收入的PPE就好，而非只是為了擁有大量資產而配置固定資產。

資產第10項》專利、商標與其他無形資產：擁有強大的品牌聲望與高效率研發部門的公司，應該會擁有商標及其專利。可口可樂就是一個好例子。

「可口可樂」與新飲料配方的各種相關費用，都會被記錄在資產負債表的這個會計科目之中。根據《會計法》，公司可以將所有研發費用列為無形資產，這就表示與研發飲料配方有關的所有原物料與勞動成本，可口可樂公司都能轉換為資產。

讓我們在這裡停一下。如果可口可樂公司員工效率低落，卻有很高的薪水，最後也會轉化成更大的資產嗎？聽起來很奇怪，但這就是運作原理，過程稱為「資本化」（capitalization）。

在你開始覺得會計在竄改事實之前，先讓我進一步解釋：跟其他資產一樣，無形資產終究要以最適當的價值形式呈現在資產負債表上，資本化就是將專利與商標等無形資產記錄下來的方式。就如同有形資產會折舊一樣，如果無法產生收益，無形資產也會喪失價值，而無形資產的折舊稱為「攤銷」（amortization）。

這是非常重要的一種類型，而且巴菲特特別在意這一點。由於專利與商標能提供一家公司長久的競爭優勢，因此是減少風險的重要來源。此外，無形資產通常不受通貨膨脹影響，這意味著隨著時間經過，專利與商標的價值，會自然而然地增加在名目貨幣價值之上。

資產第 11 項》商譽：商譽也是一種無形資產，「無形」意味著無法觸碰它。來看看商譽是如何產生的：假設可口可樂公司決定以 20 萬美元購併一家子公司（或是規模較小的企業），而被購併的新公司帳面價值只有 15 萬美元。在這種情況下，剩下的 5 萬美元就會被記錄在非流動資產下的「商譽」會計科目。

接下來你可能會問，為什麼可口可樂要付出比這家子公司帳

面價值更高的價格呢？在企業界，所有商業決策都有一個經典答案：做出這個決策是期望它可以產生更多收入！也就是說，可口可樂相信新購併的子公司，在一定時間內會產生比公司所付出金額（20萬美元）還多的收入。總而言之，資產價值並不等於帳面價值，而是隨著時間經過，資產所能回報給投資人的錢。

商譽常會被錯認為是由公司內部產生。常見的典型錯誤，是認為可口可樂公司在資產負債表上的商譽價值，是基於強大的品牌聲望所決定的。事實上，商譽只在收購過程中產生，並非公司所能創造出來的。

資產第12項》非流動資產合計：將所有並非在未來12個月內發生、但預期能夠轉換成現金的資產加總，就可以得到「非流動資產合計」，也就是資產項7～資產項11的總和。

資產第13項》資產總額：這是流動資產（第6個會計科目）與非流動資產（第12個會計科目）的總和。就本質而言，代表在某個時間點（無論長期或短期）能變現的所有東西。

負債

前文已經一再說明，資產是公司擁有的東西。資產可以透過公司自有資金融資（即股東權益），或者透過其他人的錢來融資（即負債）取得。再強調一次，資產負債表必須完美整合，因此

提到資產，就勢必得說明「負債」與「股東權益」。

以下立刻就來了解「負債」。畢竟，用別人的錢來購買資產，聽起來不是很誘人嗎？

就像「流動資產」與「非流動資產」間的差異，負債也依流動性分為「流動負債」與「非流動負債」，區隔的條件也是 12 個月。

流動負債指的是必須在 12 個月內償還的債務。我同樣以「流動性高低」列出負債科目順序，首先從流動性最高的開始。

流動負債

流動負債，有義務在 12 個月內償還的債務。

負債／股東權益第 1 項》應付帳款：這個會計科目有時會被稱為「應付款」、「淨應付款」或「應付交易款」。由於此會計科目主要是企業貸款買進的東西，因此我堅持使用「應付帳款」這個名稱。

你應該還記得，資產負債表有個會計科目叫「應收帳款」，應付帳款與之完全相反。想像一下，可口可樂公司以 1,000 美元的價格向供應商購買糖，而供應商要求 90 天內付款，那麼在可口可樂尚未付款的時候，應付帳款就是 1,000 美元。

通常公司不會介意有應付帳款。你可能會疑惑，趕快還清欠款不是很好嗎？我完全能理解這個論點，而且大多數人也不喜歡一直欠某人錢，但對一家公司而言，獲得無息貸款是非常棒的事情。當可口可樂不用在未來 90 天內付清買糖的費用時，這段期間就可以把錢用在其他地方。

負債／股東權益第 2 項》應付票據： 這個會計科目有時會被稱為「流動借款」或「流動金融債務」，指的是尚未還給放款人的短期債務金額。

假設可口可樂公司承擔 1,000 美元的債務，未來 10 年內，每年要還給銀行本金 100 美元，在這種情況下，第 1 年要支付的 100 美元，就會被列於此會計科目中。

負債／股東權益第 3 項》應計費用： 通常公司會有些尚未支付的費用產生。對可口可樂公司來說，這些費用或許是員工薪資、電費帳單，或是已使用但尚未支付的基本消費。你也可以把這個會計科目視為「預付費用」（資產項 5）的反面──任何尚未支付的帳單，都應該歸於資產負債表的應計費用。

負債／股東權益第 4 項》應付稅款： 對受薪階級的人來說，你擁有聯邦政府與州政府提供的「奢侈優惠」──自動提撥部分工資繳稅。政府會預扣 30% 的薪資，當你在當年度年底報稅時，告訴政府自己今年的實際收入之後，若是政府預扣了太多稅

款，你就可以退稅；若非如此，你則需要繳清剩下的稅款。

對企業會計而言，也是以同樣的方式運作，只是代扣公司稅款這件事不會自動發生。因此，會計科目「應付稅款」的用途，就是預先保留公司應繳的稅款。在這個會計科目中，列出的是公司因為銷售商品或服務而積欠聯邦政府、州政府和地方政府的稅負。一旦繳清給政府的稅負後，你會在「應付稅款」中看到扣除額，並會列於損益表的「所得稅費用」科目中。

負債／股東權益第 5 項》流動負債合計：把未來 12 個月內須以現金支付的所有費用加總起來，就會得到「流動負債合計」，也就是「負債／股東權益項 1」～「負債／股東權益項 4」的總和。

非流動負債

非流動負債有時會被稱為「長期負債」。這是公司期望在 12 個月後支付的任何款項。

負債／股東權益第 6 項》長期債務：通常是資產負債表中非流動負債部分最重要的會計科目，也就是公司獲得的貸款。研究這個會計科目，最簡單的方法是認定為銀行貸款。如果可口可樂公司向銀行貸款 1,000 美元，並協議會在未來 5 年內還款；如此一來，在可口可樂公司的資產負債表上，長期債務的科目中就會

記錄 1,000 美元。

債務是一種常見的融資方式。當可口可樂獲得貸款時，對放款人的日常運作並沒有影響，而放款人最感興趣的是如何收回錢，最好還能得到很多利息。

有關日常營運的決策，一般取決於管理階層與股東。當提到長期債務時，你也許會認為這些是欠款。讓人訝異的是，這些長期債務不見得要趕快償還，在大多數情況下，銀行並不介意公司是否償還本金，甚至覺得不還本金也很好。是的，你沒聽錯！

就像房子一樣，假設費用是 30 萬美元，而你已經付了頭期款 6 萬美元，剩下的錢則是向銀行借款。你打算還給銀行 24 萬美元嗎？

減少債務的確是很好的一件事，但並不需要還清所有的貸款，尤其是當貸款利率低於通貨膨脹率的時候。只要你認為你的房子有足夠的價值，不妨把錢拿去運用在其他方面，只要不違約，銀行通常會樂於從你的房子收到利息。

公司的長期債務與你的房子情況相同：假設可口可樂公司以 4% 的利率承擔一些債務，只要能在市場上獲得更好的報酬，並能控制風險，可口可樂公司就可以選擇晚一點償還本金，將這些錢尋求更高報酬的其他投資。如果決定還清債務，公司就會得到近 4% 的報酬（考慮通貨膨脹率後，實際報酬可能會低至

1%）──任何一家有效率的公司，會透過投資新資產以獲得更好的報酬。

這並不代表債務一定是好事，兩者之間有條界線，即使是世界上經營最好的公司也有一些負債，重點是要能控制情況。第6章已經討論過承擔債務多寡的衡量標準，包括利息保障倍數與負債權益比。

負債／股東權益第 7 項》遞延所得稅：如果不熟悉公司《所得稅法》，就會較難理解「遞延所得稅」。根據特定項目的折舊年限與公司決定實現損益的金額，來決定此會計科目屬於「資產」或「負債」。

以一個例子來說明運作方式：假設可口可樂公司以 1 萬美元買進 1 輛車、分 5 年折舊，這意味著其會計費用是 1 年 2,000 美元（＝ 1 萬美元／ 5 年）；而《所得稅法》允許你使用「加速折舊」（accelerated depreciation）的會計方式，以便更精準地呈現折舊金額──在商品生命週期早期加速折舊，後期的折舊速度則會減緩。因此，從加速折舊的角度來看，公司可能會把汽車第 1 年的價值減記 25%，也就是第 1 年的所得稅費用是 2,500 美元（＝ 1 萬美元 ×25%），第 2 年會變成 1,875 美元（＝ 7,500 美元 ×25%），以此類推。

當「線性折舊」（linear depreciation）與加速折舊之間存在

表 7-3　遞延所得稅的產生方式

項目	買進價格	第 1 年	第 2 年	第 3 年
會計價值	1 萬	8,000	6,000	4,000
課稅價值	1 萬	7,500	5,625	4,219
應課稅差異	—	500	375	(219)
遞延所得稅（稅率35%）	—	175	131	(77)

註：遞延所得稅＝應課稅差異 × 稅率
單位：美元

差異時，便會產生「遞延所得稅」。在表 7-3 中，第 1 列是會計價值（線性折舊）、第 2 列是課稅價值（加速折舊），兩者的差異在第 3 列。想計算遞延所得稅，可以將「差額乘上公司在特定年份的適用稅率」。表 7-3 假設了多年來公司一直繳 35% 的稅金。

這意味著什麼？本質上，從遞延所得稅可以看出公司應該或不應支付的稅額金額。當你看表 7-3 的第 1 年時，根據會計價值，公司應該將汽車折舊 2,000 美元，但是卻折舊了 2,500 美元，因此當年收益會比應有收益減少 500 美元，意即公司實際支付的稅額會比理應支付的金額還少。減少多少呢？根據繳稅級距計算，公司原本應該要多付 175 美元。

現在來看第 3 年的情況。當你觀察這 1 年的情況時，會注意到公司多付出了 77 美元的累積稅額，你務必要了解的是，遞延

所得稅只適用當年的納稅年度。因此，如果汽車於第 3 年被出售，公司就會有 77 美元的遞延所得稅，而第 1 年和第 2 年的應付稅額已被考慮進去。

如果在當年度損益表上，汽車呈現已售出，這 77 美元的遞延所得稅，則會降低公司的稅前收入，而當該資產變現並計入損益表後，在資產負債表上的金額（77 美元）則會消失。

負債／股東權益第 8 項》負債準備： 在理想的世界中，每個人都會償還欠款；不幸的是，真實情況並非總是如此。

公司知道這一點，因此進行賒銷交易時，事先預期會有客戶違約。為了因應這種狀況，公司有一個「負債準備」的會計科目，並持續把錢投入其中，以支應潛在損失。

舉例來說，可口可樂公司和很多不同的零售商交易，若公司估計有 2% 的客戶會拖欠帳款，也就是每銷售價值 100 美元的商品，就預期零售商會違約 2 美元。基於這個理由，公司會把 2 美元存入一個單獨的會計科目「負債準備」。

當然不是說客戶一定會違約，就長期而言，這只是一個估計值。如果可口可樂公司 1 年營收是 100 美元，而且沒有客戶違約，那對可口可樂來說是一件好事，因為在時機不好時，公司仍留下 2 美元；隔年，一個每年提供 4 美元營收的客戶違約了，那也不成問題，因為公司在前一年已經預留 2 美元，隔年也預留了

2美元，這不會影響損益表——這些損失早已被公司全部納入考量。

或許你會想到，公司的負債準備無法總是完美符合實際情況。你的看法是對的，這就是為什麼你常會看到負債準備數字逐年波動的原因。若實際情況高於或低於估計值（2%），公司只要持續調整此數值即可。

負債／股東權益第9項》非流動負債合計：將所有還款期限大於12個月、須以現金支付的負債加總起來，就會得到「非流動負債合計」。

負債／股東權益第10項》負債總額：如你所料，這個數字非常簡單，即「負債／股東權益第5項」與「負債／股東權益第9項」的總和，其中包含流動負債與非流動負債。

股東權益

你應該還記得，資產不是用我們的錢融資（股東權益），就是用其他人的錢融資（負債）取得。因此，你也可以說公司其實並未擁有任何東西。當你擁有股份時，就擁有一部分真實的公司，這就是股東權益和負債會放在一起的原因。

股東權益是負債的一種形式，是公司欠股東的錢。如此一來，情況變得十分明確：可口可樂公司並未擁有任何東西，而是

可口可樂的所有股東擁有公司資產。有了這個概念之後，就可以深入研究股東權益的各個會計科目。

負債／股東權益第 11 項》股本：這個會計科目也被稱為「資本存量」、「普通股」或「實收資本」，很多投資人會對此科目感到困惑。

股本用於追蹤普通股的分割，以及流通在外的股票。公司剛成立時，創辦人會將一定數量的錢存入名為「股本」的股東權益帳戶，並用這筆錢作為流通在外股票的代表。

舉例來說，公司要發行 100 股的普通股，可能會在這個帳戶放進 100 美元，表示每股普通股的票面價值是 1 美元。這個操作的有趣之處，在於公司想要用多少金額當成起點都無所謂，意即公司在這個帳戶中放進 1 美元，但仍發行 100 股普通股也沒問題。在這種情況下，每股票面價值就是 1 美分。不論最初票面價值為何，股本帳戶是追蹤未來股票分割或股本增減的工具。

進一步說明觀點：假設一家新公司的股本帳戶中有 100 美元，發行 100 股時，每股票面價值就是 1 美元。假設這家公司多年後經營成功，結果股價（或是說市價）飆升到每股 500 美元——記住，這是市場價值，不是票面價值，雖然股價上漲，但普通股的票面價值並未改變。

由於事業持續成長，公司想尋找額外資金來為未來的購併預

做準備。為了募集這筆錢，公司決定要再發行100股流通在外股票。在發行新股之前，必須檢查公司章程，以確定可以發行的流通在外股數，例如章程可能會限制公司發行的流通在外股數為500股。

資產負債表會在「股本」這個會計科目上顯示這些資訊，像是「授權發行500股，已發行100股」等。當我們確定了公司章程同意發行新的普通股之後，公司就得以發行更多股票。

這麼一來，為了多發行100股的普通股，公司就需要在股本帳戶中增加100美元（票面價值為1美元），而這些股票在公開市場中的價格為每股500美元，因此公司就能募集到資金，卻又不會妨礙公司在股本帳戶中追蹤增加的新股票。發行新股完畢後，公司的股本帳戶會有200美元，而流通在外股數為200股。

反之，若想要進行股票分割，在這種情況下，公司會讓流通在外股數增加1倍。舉例來說，公司想要額外發行200股，也就是給每個現有股東1股。進行股票分割時，公司並非要額外募集資金，而是希望能降低股票價格，以便讓更多人交易。想進行股票分割，公司只需要發行額外股份給市場上的現有股東。

由於股份會公平地分配給所有股東（依其相對持有的股份），因此每一位股東所擁有的股票價值其實並沒有改變，而對於股本帳戶來說，改變也很有限，現在會變成「授權發行500

股,已發行 400 股」。股本帳戶仍然是 200 美元,但是每股股票的票面價值變成 0.5 美元(＝200 美元／400 股)。

如你所見,普通股的票面價值不只是一種追蹤工具,它讓股東有能力決定要股票分割或股票回購。大多數的股本帳戶會使用 1 美分或更少的金額,來作為流通在外股票的價值單位。

負債／股東權益第 12 項》資本公積:與股本相反,資產負債表上的資本公積通常更有價值。原因很簡單,想像一下,可口可樂擁有票面價值 1 美元的股票 100 股,如果公司想發行更多股票以募集資金,並能以每股 50 美元賣出股票;如此一來,當公司持續以票面價值 1 美元發行額外股份時,資本公積就會變成 4,900 美元(＝50 美元 ×100 股 – 1 美元 ×100 股)。由此可知,資本公積是「發行股票的收益 – 票面價值的差額」。

你可能想知道,為什麼投資人要付出比票面價值還高的價格?這個問題很合理,而答案非常簡單:可口可樂公司的實際股價與票面價值無關。如前文所述,普通股的票面價值只用於會計目的,如果你持有的股票價值為 50 美元,那你應該不會關心票面價值是多少。

負債／股東權益第 13 項》保留盈餘:這是公司過去的所有淨利總和。舉例來說,可口可樂公司第 1 年的獲利是 100 美元,如果沒有支付股利,那麼 100 美元會從損益表的「淨利」轉變成

資產負債表的「保留盈餘」。

接著，假設公司第 2 年的獲利是 150 美元；同樣地，因為沒有支付股利，保留盈餘變成 250 美元（= 100 美元 + 150 美元）。我們看到股東權益增加了，這是否表示公司擁有的錢多了 250 美元？當然，可口可樂的股東現在多了 250 美元，而股東權益正是公司欠股東的錢。

到目前為止，我們尚未考慮支付股利的情況。如果可口可樂在第 2 年後開始支付股利 25 美元，那麼保留盈餘就會變成 225 美元（= 100 美元 + 150 美元 – 25 美元）。這也意味著，當你觀察保留盈餘時，不只要看這個會計科目的成長幅度，還應該考量發放了多少股利。發放股利只是把錢還給股東的方式之一。

這是否也表示要將保留盈餘中的所有錢都付給股東？回顧一下這章提過的例子，如果是可口可樂的話，目前公司尚有 1 萬 5,590 美元的保留盈餘，然而卻只有 1,847 美元的現金與約當現金可以支付給股東（詳見表 7-2），公司多年來所賺的錢都到哪裡去了？這些錢大多數已經投入各項業務，從資產負債表看來，這些錢是用來買進更多的糖或興建新的總部大樓──基本上，這些就是你在資產負債表上看到的「資產」。

為了在未來創造更多資金，公司會善加運用這些錢。身為投資人，當你看到資金被活用於新資產上（假設公司的股東權益報

酬率〔ROE〕很高）應該會很開心。

負債／股東權益第 14 項》庫藏股：如果說有哪一個會計科目會困擾投資人，那必然是「庫藏股」，因為這是一個「抵銷科目」（contra account）。基本上，你只需要回想你所學過的內容，然後反向思考！但可以想像得到很多投資人會困惑。

假設可口可樂獲利 100 美元，並決定要買回部分流通在外股票，這意味著可口可樂的股東如果賣出一些持股，這些股票有可能會回到公司手上。為什麼公司要買進自家股票呢？想像一下，市面上有 100 股的可口可樂股票，每股股價是 50 美元，當公司賺了 100 美元，並將所有獲利都用來買回股票時，總共可以買回 2 股。

換句話說，原先流通在外股數有 100 股，但現在只有 98 股（= 100 股 – 2 股）。若是我擁有這剩下 98 股中的其中 1 股，那麼代表我擁有公司的比重變大了——過去我擁有 1/100 的公司，但買回庫藏股之後，變成擁有 1/98。我對此感到相當滿意，因為當隔年獲利仍是 100 美元時，我的獲利不再是 1 美元（= 100 美元／100 股），而是 1.02 美元（= 100 美元／98 股）（詳見表 7-4）。

你可能仍有點疑惑，因為可口可樂買回庫藏股之後，股東權益理應顯示為負數，但公司是將某年所賺到的 100 美元全用來買

回庫藏股,因此公司的股東權益在會計上就會保持不變。

身為投資人,你應該密切注意這個會計科目,因為庫藏股呈現的數字,是公司付錢買回股票的價格。在表 7-2 的例子中,庫藏股是 -853 美元,表示公司從獲利中花了 853 美元來買回自己的股票。

務必注意,庫藏股所列出的金額,是根據買回股票時的市場價格所編列的。

例如,公司在上個月以 10 美元的價格買回 10 股,這個月則以 20 美元的價格買回 5 股,那麼庫藏股項上就會列出 -200 美元、買回 15 股。如此一來,在會計上,這段期間的每股平均買進價格是 13.33 美元。假使管理階層願意的話,可以再次於市場上發行股票,這是庫藏股很有趣的一點。

評估公司如何增加股東權益(或帳面價值)時,投資人也應將庫藏股納入考量。再次提醒,股東權益就是股東的錢,因此要知道公司能讓股東的錢成長多少的話,當然要包含庫藏股。乍看之下,投資人可能會覺得公司的帳面價值(或每股盈餘)僅有些微成長(如每年 3%),但如果評估時剔除了庫藏股,就會產生非常大的誤差,因為當庫藏股出現大幅成長時,也會大幅增加帳面價值,這一點很可能會被用來衡量自由現金流。

在〈附錄 1〉與〈附錄 2〉裡,我會更詳細地介紹庫藏股這個

表 7-4　買回庫藏股後，股東權益也會增加

◎買回庫藏股之前		
比較項目	可口可樂	你
股數	100 股	1 股
持有比率	—	1.00%
股東權益	1 萬美元	100 美元
◎買回庫藏股之後，且淨利有 100 美元		
比較項目	可口可樂	你
股數	98 股	1 股
持有比率	—	1.02%
股東權益	1 萬美元	102.04 美元

會計科目，以及在評估股票價值時，如何處理產生的差異。

負債／股東權益第 15 項》權益總額：公司欠股東的所有款項，都包含在「權益總額」這個會計科目中，這是指如果立刻變現所有資產、且還清所有負債後留給股東的錢。

負債／股東權益第 16 項》負債與權益總計：這個會計科目是公司欠股東與放款人的所有款項加總，且此科目數值始終會與資產總額（資產第 13 項）相等。

資產負債表的比率分析

就像損益表的關鍵比率分析，也要進行資產負債表的比率分

析。學過了損益表,所以一些關鍵的比率分析會根據這2種財報計算。

分析關鍵比率時,先從研究單一年份開始,一旦掌握了重點,才能好好比較5～10年期間的各項比率;另外,你也會想要比較競爭對手的各項比率。

為了方便索引各個會計科目,再放入損益表與資產負債表(詳見表7-5、表7-6)。

獲利能力比率》股東權益報酬率(Return On Equity,ROE)

我們應該關注的第一個、也是最重要的關鍵比率是「股東權益報酬率」,公式如下:

股東權益報酬率 = 淨利／權益總額

股東權益報酬率 = 2,863美元／1萬8,398美元

= 15.6%

淨利位於損益表第13個會計科目、權益總額位於資產負債表的「負債／股東權益第15項」。

表 7-5　損益表的組成

年度損益表（2014 年）		
1	營業收入	13,279
2	營業成本	5,348
3（= 1 − 2）	營業毛利	7,931
4	行銷費用	1,105
5	研究與發展費用	863
6	管理費用	538
7	其他營業費用	1,350
8（= 4 + 5 + 6 + 7）	營業費用	3,856
9（= 3 − 8）	營業淨利	4,075
10	利息收入（支出）	(135)
11	其他收入（支出）	275
12	所得稅費用	1,352
13（= 9 + 10 + 11 − 12）	淨利	2,863

單位：10 億美元

　　股東權益報酬率指的是在這一年中，公司使股東資金增加的幅度。如果可口可樂的股東權益報酬率是 15.6%，我們可以得知，公司利用先前的盈餘或最初投資保留下來的錢，每 100 美元賺了 15.6 美元。

　　基於這一點，我們希望這個數字盡量要高。和其他關鍵比率

表 7-6　資產負債表的組成

	資產			負債	
1	現金與約當現金	1,847	1	應付帳款	2,183
2	應收帳款	3,897	2	應付票據	498
3	存貨	2,486	3	應計費用	854
4	其他流動資產	638	4	應付稅款	427
5	預付費用	285	5 (= 1 + 2 + 3 + 4)	流動負債合計	3,962
6 (= 1 + 2 + 3 + 4 + 5)	流動資產合計	9,153	6	長期債務	3,211
7	非流動應收帳款	1,811	7	遞延所得稅	1,242
8	非流動投資	2,768	8	負債準備	273
9	不動產、廠房與設備	8,292	9 (= 6 + 7 + 8)	非流動負債合計	4,726
10	專利、商標與其他無形資產	1,827	10 (= 5 + 9)	負債總額	8,688
11	商譽	3,235	11	股本	400
12 (= 7 + 8 + 9 + 10 + 11)	非流動資產合計	17,933	12	資本公積	3,261
13 (= 6 + 12)	資產總額	27,086	13	保留盈餘	15,590
			14	庫藏股	(853)
			15 (= 11 + 12 + 13 + 14)	權益總額	18,398
			16 (= 10 + 15)	負債與權益總計	27,086

單位：美元

分析一樣，很難為股東權益報酬率設定適當的標準。話雖如此，你通常會看到優秀公司的股東權益報酬率始終維持在 8% 以上。

若你認真看待投資這件事，股東權益報酬率會是非常重要的關鍵指標。你可以在第 4 章的原則 1 規則 3，了解更多股東權益報酬率的內容。

獲利能力比率》資產報酬率（Return On Assets，ROA）

這個比率有時也稱為「投資報酬率」（Return On Investment），也是有時會縮寫為「ROI」的原因，但兩者公式是相同的：

資產報酬率＝淨利／資產總額

資產報酬率＝ 2,863 美元／2 萬 7,086 美元

= 10.6%

淨利位於損益表第 13 個會計科目、資產總額位於資產負債表的資產第 13 項。

如果你買進一家負債很少的公司，那麼這個比率就沒有那麼重要。事實上，當公司沒有債務時，資產報酬率將會等於股東權益報酬率，因此，想要買進一家低負債權益比（例如低於 0.5）公司的投資人，可以跳過這個計算。

反之，如果你買進一家負債很多的公司，也許會想用資產報酬率取代股東權益報酬率。你可能會對運作感到好奇，提供一個簡單說明：對可口可樂公司來說，資產報酬率 10.6%，其中囊括了從商譽到存貨的所有資產。因為我們想要得到與資產相較之下的最高獲利，顯然資產報酬率愈高愈好。

當公司有負債時，資產報酬率必定會低於股東權益報酬率，原因很簡單：起點（或是說公式的分子）都是淨利，差別僅在於公式的分母。

資產不是用你的錢來融資（股東權益），就是用其他人的錢來融資（負債）取得。對資產報酬率而言，公式的分母是「資產總額」。由於我們已經知道資產負債表的「資產＝股東權益＋負債」，因此你應該理解為什麼資產報酬率會比股東權益報酬率來得低。當股東權益與負債一起被放在分母時，這個比率就會變小；也就是說，如果公司有很多負債，分母會變得很大，資產報酬率就會非常小。

我會希望資產報酬率能高於 6%，但更重要的是，我想看到我選定股票的表現比競爭對手好。這意味著我會更關注可口可樂的資產報酬率是否高於百事可樂，而非只在乎資產報酬率是否高於 6%。

流動性比率：流動比率

　　流動性對所有企業來說都非常重要，假使沒有流動性，即使是最賺錢的公司也會破產。流動比率的公式如下：

流動比率＝流動資產／流動負債

流動比率＝9,153 美元／3,962 美元

　　　　＝2.31

　　流動資產位於資產負債表的資產第 6 項、流動負債位於資產負債表的「負債／股東權益第 5 項」。

　　容我再次說明流動資產與流動負債的差異：如果某個東西是流動資產，表示預期它在 12 個月內可以變現，包括應收帳款與存貨；而流動負債是預期在未來 12 個月內須用現金支付的債務，以表 7-6 的資產負債表來看，包括應付帳款與應付稅款。

　　綜上所述，這個關鍵比率的作用，是在比較公司未來 12 個月內預期的現金流入（流動資產）與現金流出（流動負債）。

　　投資人對於流動比率設定的門檻，應該要高於 1，意即這個數字要高於 100%。這麼做的理由是，如果在未來 12 個月內，公司收到的錢比付出的錢少，那麼就會被迫要承擔債務，或者是

必須放棄更多股東權益（普遍說法是賣出更多股票來募資）。為了安全起見，我們會希望公司的流動比率高於 1，甚至高於 1.5。因此身為可口可樂的股東，很高興看到公司的流動比率是 2.31。

一般來說，你也許會認為流動比率愈高愈好。然而，流動比率太高，例如超過 5 的話，可能表示公司資金管理不善，沒有將現金投入其他地方做更好的運用。

巴菲特很重視流動比率，你可以在第 4 章的原則 1 規則 2 了解更多有關流動比率的內容。

流動性比率：速動比率

有人說速動比率是較流動比率保守的評估方法，也有人認為速動比率是「懷疑論的流動性指標」（skeptic liquidity measure）。無論如何，速動比率的公式如下：

速動比率 =（流動資產 − 存貨）／流動負債

速動比率 =（9,153 美元 − 2,486 美元）／ 3,962 美元

= 1.68

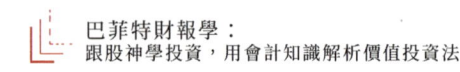

流動資產位於資產負債表的資產第 6 項、存貨位於資產負債表的資產第 3 項、流動負債位於資產負債表的「負債／股東權益第 5 項」。

從公式可以發現，速動比率的流動資產並不包含存貨，使得在估算未來現金流時會相對保守。以可口可樂的資料試算，首先，我們要知道可口可樂公司預期未來 12 個月內會收到並擁有多少現金——注意，不包括存貨。這意味著公司沒有任何飲料的存貨，而這顯然是流動資產價值中很大的一部分。

接著，要觀察這個關鍵比率，並設問：「如果沒有出售任何庫存商品，未來 12 個月內，預期收到的現金是否仍高於必須支付的金額？」在表 7-6 的情況下，答案是肯定的，可口可樂公司在未來 12 個月內獲得的現金流入，預期會是必須支付現金的 1.68 倍。

如果你是非常保守的投資人，這個關鍵比率很適合你。如同流動比率，你會希望速動比率有個相當高的數字，而且勢必要高於 1，甚至是高於 1.5。我敢保證，當你對公司知之甚少時，你會喜歡速動比率勝過流動比率。

經營績效比率：存貨周轉率

任何公司都希望有效率地營運，因此管理階層會特別關心

「存貨周轉率」。來看看大家如此在乎的東西是什麼：

存貨周轉率＝營業成本／存貨

存貨周轉率＝5,348 美元／2,486 美元

＝2.15 次

營業成本位於損益表的第 2 個會計科目、存貨位於資產負債表的資產第 3 項。

以可口可樂的財報為例，可以得知，可口可樂在這個年度的存貨周轉率是 2.15 次。身為投資人的你滿意這個數字嗎？通常我們會希望這個數字愈高愈好。

作為可口可樂的股東，我會更希望存貨被清空並裝滿 4 次，而不只是 2.15 次；如此一來，公司將存貨轉換成銷售的效率才更高。可樂汽水不屬於保存期很短的商品，對於保存期較長的類似商品來說，較低的存貨周轉率有時是可以被接受的；然而，對於處理新鮮食材的公司而言，你應該會得到完全不同的數字。

無論任何情況，存貨成本都是最昂貴的，因此會希望某些保存期較長商品的存貨周轉率在 4 次以上。基於這層考量，我會把這點當成經驗法則，並進行更多研究來了解產業標準。要特別注

意的是,這個數字要以年度損益表來比較。如果你使用的是季度損益表的話,必須將數字乘以 4,才能確保計算的是年度的存貨周轉率。

經營績效比率:應收帳款周轉率

另一個經營績效比率是「應收帳款周轉率」。這是很棒的關鍵比率,謹慎的價值投資人應該要注意公司是否有大量的賒銷交易。公式如下:

應收帳款周轉率 = 營業收入/應收帳款

應收帳款周轉率 = 1 萬 3,279 美元/3,897 美元

= 3.41 次

營業收入位於損益表第 1 個會計科目、應收帳款位於資產負債表的資產第 2 項。

為了讓這個數字更有意義,我們轉換成天數。計算時,只要將 365 天(若使用年度損益表)除以應收帳款周轉率(3.41 次),就能算出結果是 107 天。這個數字意味著,當可口可樂完成銷售後,通常要 107 天才會拿到客戶的貨款。

你也許會覺得這樣的付款速度很慢，就算是沒有太多經驗的投資人，也知道付款速度快對公司比較好，這是因為客戶付款後，公司才能確實握有現金。一般來說，公司會希望這個比率愈高愈好，比率愈高，表示可以愈快從客戶那裡收到錢。

不過每件事情都有正向的一面：由於賒帳交易可以增加銷售，因此公司也必須有所考量，如果要求零售商早點付款，可能會損失部分銷售金額。若設定一個門檻標準，建議比率在 5～7 次間比較適當，然而，這仍與公司所處的產業息息相關。

經營績效比率：應付帳款周轉率

這個關鍵比率呈現的是一家公司如何處理貸款，如果公司時常賒帳交易的話，這個比率就非常重要。先來看公式：

應付帳款周轉率＝營業成本／應付帳款

應付帳款周轉率＝5,348 美元／2,183 美元

＝2.45 次

營業成本位於損益表第 2 個會計科目、應付帳款位於資產負債表的「負債／股東權益第 1 項」。

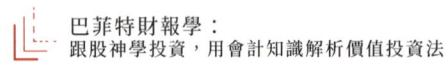

同樣地，我們也把這個比率轉換成容易理解的指標：將 365 天（若使用年度損益表）除以應付帳款周轉率（2.45 次），得出的結果是 149 天，表示可口可樂付錢給供應商（如糖的供應商）的平均期間是 149 天。一般來說，偏好較高的應付帳款周轉率，這表示公司以相當快的速度償還供應商的貨款，身為股東，也希望自己投資的公司能妥善履行還款義務。

　　另一方面，公司也不會過於慷慨。假設在買進糖時，可口可樂公司具良好的談判條件，因此得以在付款給供應商前，取得較長期的信用額度，這等於是提供給可口可樂的實質無息貸款。身為股東，我們也樂見這件事。長期無息貸款等同於有較高的應付帳款，使應付帳款周轉率較低。

　　一般來說，應付帳款周轉率在 2～6 次之間為佳，顯示這是一家有效率且具有優質議價能力的公司，同時在履行還款義務上也毫無問題。

償債比率》負債權益比

　　當投資人在討論風險時，負債權益比是最常被討論的比率之一。公式如下：

負債權益比 =（長期債務＋應付票據）／股東權益

$$負債權益比 = (3,211 美元 + 498 美元) / 1萬 8,398 美元$$

$$= 0.202$$

長期債務位於「資產負債表的負債／股東權益第 6 項」、應付票據位於「資產負債表的負債／股東權益第 2 項」、股東權益位於「資產負債表的負債／股東權益第 15 項」（權益總額）。

這個關鍵比率聽起來很耳熟的原因，是因為巴菲特十分重視這個指標，你應該還記得第 4 章的原則 1 規則 1 提過。

正如我們所知，公司承擔一些債務並沒有錯，有時債務可以加速事情進展，這一點還不錯；然而，太多債務會壓垮企業的營運。如果你必須選擇，最好盡可能地降低負債權益比。

談論債務時，通常指的是「付息債務」（interest-bearing debt），意即應支付利息的債務。這也是為什麼這個比率的組成是「長期債務 + 應付票據」，因為這些通常是公司積欠銀行的債務。你也可以把這些債務視為最昂貴的債務。為什麼？

讓我們比較一下付息債務與另一種債務「應付帳款」：應付帳款是透過賒銷交易而產生的債務，基本上可以當成一種無息貸款；相對地，長期債務與應付票據包含了利息費用，你必須定期還款。

觀察可口可樂公司財報，你可以得出結論：股東每擁有100 美元的股東權益，可口可樂必須支付的債務利息為 20.2 美元——巴菲特通常希望負債權益比不超過 0.5。

償債比率：負債總額權益比

你應該很少在其他會計與投資書上看到這個比率，因為這通常被稱為「負債權益比」。不過，剛才不是說明過這一點了嗎？沒錯，你確實學過了。但在觀察一家公司的償債能力時，其實有 2 種方法。來看一下這個比率的公式：

負債總額權益比 ＝ 負債總額／股東權益

負債總額權益比 ＝ 8,688 美元／1 萬 8,398 美元

　　　　　　　＝ 0.472

負債總額位於資產負債表的「負債／股東權益項 10」、股東權益位於資產負債表的「負債／股東權益第 15 項」（權益總額）。

假設這是可口可樂的償債能力分析，可以得知，股東每擁有100 美元股東權益，公司就必須在未來某個時間點支付 47.2 美

元。這個比率含括所有負債，也就是公司向銀行貸款並支付利息的錢，以及公司以賒銷交易方式從供應商那裡買糖的錢。

比起「負債權益比」，保守的價值投資人更喜歡觀察這個比率。他們希望明確區分出較昂貴的付息債務與無息債務（如應付帳款）。根據經驗法則，負債總額權益比要低於 0.8，才會被視為是低風險。

CHAPTER

8

現金流量表
詳細解析

當投資人想到財報時，通常會考量損益表與資產負債表，雖然現金流量表是很有價值的資料來源，但業餘投資人卻經常忽略它。現金流量表連結損益表與資產負債表，讓閱讀財報的人能綜觀公司的財務狀況。觀察公司的現金流量表，就好像每個月在觀察某人的帳戶一樣。

介紹現金流量表

用一個簡單例子說明：查看可口可樂的資產負債表時，你發現現金餘額增加了，對於這種情況，你滿意嗎？

現金增加可能是可口可樂賺了更多錢，你應該會對這種情況感到高興；然而，現金餘額增加，也可能是因為公司借了一筆貸款，或是發行了更多股票（稀釋股東權益）──這是現金流量表有助於釐清全貌的地方。

現金流量表主要分為 3 個部分（詳見表 8-1）：

第一個部分：**營業活動現金流（第 1 個～第 6 個會計科目）**，這部分收到的現金是公司核心，也就是日常營運會收到的現金。你可能會質疑：「但是我們在損益表上看不到這一點。」我舉一個簡單例子供你思考：可口可樂以 1,000 美元賣飲料給沃爾瑪，約定沃爾瑪必須在 90 天內支付貨款。雖然我們會立刻在損益表的營業收入科目記錄 1,000 美元，

但在 90 天內不會有任何現金流入。因此就像你看到的情況一樣，營業收入或淨利並不等同於現金。

第二個部分：投資活動現金流（第 7 個～第 11 個會計科目），可口可樂必須投資並更換製造飲料的機器，以及其他許多設備。公司必須不斷投資，還要維護運送飲料的卡車。所有公司都必須持續投資，才能讓業務保持運作。這部分就是觀察公司投資活動之處。

第三個部分：**籌資活動現金流**（第 12 個～第 16 個會計科目），這部分透露許多現金餘額為何會變動的祕密。可口可樂公司或許是取得新的貸款，或許是支付股利給股東……，做出任何投資決定之前，認真的價值投資人應該要深入研究這部分。

解析各個會計科目

或許你已經發現，現金流量表是以損益表最後一個會計科目「淨利」開始、以資產負債表第 1 個會計科目「現金與約當現金」結束。如你所見，現金流量表確實銜接了損益表與資產負債表。

營業活動現金流（第 1 個 第 6 個會計科目）

營業活動現金流反映的是組織經營核心事業的獲利能力，因此我們希望這種現金流愈多愈好。營業活動現金流的第 1 個會計科目是「淨利」。咦？我不是說過現金與淨利完全不同嗎？沒錯，但淨利只是一個起始點，當我們更深入了解現金流量表，淨利就會相應做出調整。

淨利是公司 1 年或 1 季賺到的錢（不是現金）。舉個簡單的例子：假設到目前為止，可口可樂的所有淨利都確實轉換成現金，且當年的淨利是 1,000 美元；然而，在完成當年的財報之前，公司與客戶進行了某個交易，使得淨利增加 100 美元——淨利變成 1,100 美元了嗎？理應如此，不過，若是下一個會計年度才會收到這筆交易的 100 美元現金，那麼營業活動產生的現金流仍然是 1,000 美元，在當前會計年度中，並沒有產生額外現金流入。在這種情況下，你會看到現金流量表的第 1 個會計科目列出 1,100 美元，但之後會計科目會扣掉 100 美元，以便得出 1,000 美元的現金流。

實際上，可口可樂會進行各種交易，這些交易會影響營業活動產生的實際現金流，使淨利出現誤差。現在就仔細看看。

第 1 個會計科目》淨利：這是起點，你能在損益表的最後一個會計科目找到它。從這個會計科目開始，我們須調整所有非現金項目。營業活動現金流的其他科目都屬於非現金項目，因此會做許多調整。

表 8-1　現金流量表的組成

1	淨利	2,863
2	折舊	516
3	其他非現金項目	264
4	遞延所得稅	287
5	營運資金	(832)
6（1＋2＋3＋4＋5）	營業活動現金流	3,098
7	不動產、廠房與設備投資淨值	(1,349)
8	無形資產投資淨值	(214)
9	企業淨值	86
10	投資淨值	(176)
11（＝7＋8＋9＋10）	投資活動現金流	(1,653)
12	發行普通股	98
13	購買庫藏股	(326)
14	發放現金股利	(682)
15	發行（償還）債券淨值	(120)
16（＝12＋13＋14＋15）	籌資活動現金流	(1,030)
17（＝6＋11＋16）	本期現金變化	415
18	期初現金與約當現金餘額	1,432
19（＝17＋18）	期末現金與約當現金餘額	1,847

單位：美元

第 2 個會計科目》折舊：這個科目有時也稱為「折舊與攤銷」（攤銷為無形資產的折舊）；大多時候，它被歸類為非現金項目。由於折舊是很重要的非現金項目，因此我選擇這個名稱。

你還記得折舊嗎？快速回顧一下：假設可口可樂公司以1萬2,000美元買進一輛車、分6年折舊，表示這輛車每年會損失2,000美元的價值，有形資產損失價值的過程，就是所謂的折舊。

這就是關鍵所在。折舊是一個非現金項目，意即除了第1年的1萬2,000美元，沒有其他現金花費，因此你應該把未來幾年的折舊「加回來」。暫停一下，這是什麼意思？

舉例來說，表8-2是一份損益表簡表，營業收入是1萬美元、其他費用是3,500美元，就像剛剛提到的情況，每年的折舊是2,000美元；此外，我們也假設營業收入和其他費用均以現金支付。根據這份損益表簡表，公司的現金應該有4,500美元。

然而，製作現金流量表簡表時，因為折舊是非現金項目，所以要把2,000美元加回來（詳見表8-3）。當你把折舊考慮進去時，一切就合理了。1萬美元是營業收入的現金、3,500美元是用現金支付的費用，因此最終應該得到6,500美元，對吧？沒錯！但別忘了，這輛車幾年前就已銀貨兩訖，過去進行現金交易的同時，就已經被記錄在之前的現金流量表中。

這就是為什麼損益表需要減去折舊、但現金流量表要加回折舊的原因。這個例子可以清楚說明現金流量表是如何編製的。

第3個會計科目》其他非現金項目：就像折舊是非現金項目

表 8-2　損益表簡表

營業收入	1 萬
其他費用	3,500
折舊	2,000
淨利	4,500

單位：美元

一樣，我們也會在損益表中發現更多非現金項目。還記得「利息收入（支出）」這個會計科目嗎？這是損益表的第 10 個會計科目。對於可口可樂這樣的跨國公司來說，這個會計科目的非現金項目可能是匯率導致的收益或支出。

另外，損益表的第 11 個會計科目「其他收入（支出）」，指的是出售資產可能會產生與帳面價值不同的收益或損失，例如可口可樂公司以 1 萬美元賣出帳面價值 1 萬 5,000 美元的資產，那麼就會產生 5,000 美元的損失。

這是否表示可口可樂公司必須額外支付 5,000 美元？我希望不是！這項交易對現金流的影響，只是現金流入 1 萬美元。損益主要是會計的概念，為了表明是現金交易，因此損益表中的 5,000 美元損失，必須加回於淨利之中。這個概念與你所知的折舊，事實上並沒有什麼不同。

那麼，因出售資產而獲得的實際現金流 1 萬美元要怎麼做

表 8-3　現金流量表簡表

淨利	4,500
折舊	2,000
營業活動現金流	6,500

單位：美元

呢？當然，我們必須以某種方式表示公司收到了 1 萬美元，但這 1 萬美元屬於後文所要討論的「投資活動現金流」，而不是營業活動現金流的一部分。

這個會計科目可能會讓你暈頭轉向，從投資人的角度來看，你難以深入了解會計標準的複雜性。你只要記住，損益表上的某些科目，並不會造成現金的流入或流出，因此必須於淨利上進行增減。

第 4 個會計科目》遞延所得稅： 你也許想起了在資產負債表中，當資產的帳面價值與稅收價值之間存在暫時的差異時，就會產生「遞延所得稅」。我們也曾利用折舊說明過這一點。

關乎遞延所得稅的事情就是「遞延」，這意味著當公司計算獲利時，並沒有在同一個會計年度繳納相關稅負；抑或是，換個說法，如果可口可樂的淨利是 100 美元，稅率是 35%，但公司沒有按標準支付 35 美元的稅額，有時付得更多，但付較少的情

況較為常見。不管是哪一種情況,都會影響公司的現金進出金額,這就是為什麼現金流量表要納入遞延所得稅的原因。

第 5 個會計科目》營運資金:我只是不斷提出新的會計術語,你可能會想:「何時才會結束?」如果這正是你的想法,不用太擔心:你需要知道的跟營運資金相關的內容,其實你都已經很熟悉了。

分析營運資金的方法,是要觀察流動資產與流動負債,也就是資產負債表中未來 12 個月的現金流入與流出,基本上就是經營公司日常業務所需的全部科目,包括庫存、應付帳款、應收帳款等,為了方便處理,統稱為「營運資金」。對你而言,這個名稱現在應該更有意義。從表 8-1 的現金流量表中,得知營運資金是 -832 美元,這表示與公司日常業務相關的現金,當年度比前一年減少了 832 美元──這樣很好!營運資金很貴,因此我們想要限制它。

想像一下,第 1 年年底時,可口可樂的存貨餘額是 2,190 美元,而第 2 年年底的存貨餘額是 2,486 美元(這是在資產負債表可找到的數字),在這種情況下,表示公司第 2 年在原物料、成品等事物上多花了 296 美元的現金,意即營運資金會「增加」296 美元。

第 1 年年底時,可口可樂的應收帳款是 4,625 美元,到了第

2 年年底，此科目已減少至 3,897 美元（此為我們在資產負債表可找到的數字），也就意味著公司如今的賒銷金額減少了 728 美元。換句話說，營運資金現在「減少」了 728 美元。

希望你明白這件事是如何發展的！接著，我們再對營運資金的每個子類別進行相同的步驟，包括應付帳款、預付費用與應計費用，這都是之前在資產負債表所學過的會計科目。

我們唯一要質疑的是，是否有太多現金套牢在這裡？如果此處套牢很多現金，我們也要因此增加營運資金；反之亦然。在表 8-1 的現金流量表中，你看到營運資金是 -832 美元，結合以上敘述，當你理解數字背後的涵義時，結果就會如表 8-4 一樣。

第 6 個會計科目》營業活動現金流：將公司所有核心業務的會計科目加總起來，你會得到非常重要的數字。不妨這樣想像：如果想知道某個朋友每年的賺錢能力，你可能只會想了解他從工作中所賺到的錢──這就是「營業活動現金流」。

舉例來說，假設這個朋友的日常工作可以賺到 6 萬美元，且他在同一年賣掉了自己的房子、得到 5 萬美元的一次性獲利；然後，為了讓事情變得有趣一點，再假設他想要買一輛新車，並因此貸款了 3 萬美元。這麼一來，業餘投資人也許會說，這個人 1 年賺到了現金 14 萬美元；但我們看得更透徹，這位朋友的現金流量表，看起來像這樣：

表 8-4　從公司日常業務科目計算營運資金

存貨	296 美元
應收帳款	-728 美元
應付帳款	-511 美元
預付費用	65 美元
應計費用	46 美元
營運資金	-832 美元

- **營業活動現金流**：6 萬美元。
- **投資活動現金流**：5 萬美元。
- **籌資活動現金流**：3 萬美元。

　　從這個例子可以發現，唯一穩定且可預測的獲利能力，就是從營業活動所獲得的現金流；另外 2 種現金流增加，涉及了出售資產（房子）與承擔債務（汽車貸款）。這點非常重要，你必須仔細觀察營業活動現金流，並確保它是公司現金流的主要來源。

　　當你分析 1 家公司近 5 年的現金流趨勢時，若是看到公司在營業活動範圍外持續募集資金，那麼幾乎可以肯定這家公司就快要有麻煩了！

投資活動現金流（第 7 個 第 11 個會計科目）

與營業活動現金流相反，我們希望投資活動現金流是負數。是的，你沒看錯！我們想要付現金出去。現在就來解釋為什麼。

身為可口可樂的股東，你會希望公司盡可能擁有許多現金。投資活動指的是資本支出的交易，例如購買新資產或處分非流動性資產等。

在深入研究公司的投資活動現金流時，你可能會發現，公司現金的增加來自於銷售資產。藉由處分資產而獲得現金、使得當下現金大量流入，看似很好，但是如果沒有生產飲料的機器，可口可樂未來要如何產出現金呢？

分析投資活動現金流，可以看出公司所追求的成長策略。投資活動產生的任何現金支出，長期目標是增加公司未來的現金流，在接下來的幾年中，買進更多資產能產生更多的營運活動現金流，進而在未來有錢進行更多投資。

在後文中，你可能會看到這個會計科目被標示為「淨額」（net），意味著買進與賣出被歸類到同一個會計科目。如果可口可樂以 100 美元買進一台新機器，並以 60 美元賣出舊機器，那麼淨額就是 -40 美元（= 60 美元 − 100 美元）。請記住：買進新資產會使這個會計科目變成負數，賣出資產則會變成正數。

第 7 個會計科目》不動產、廠房與設備投資淨值：這個會

計科目有時被稱為「資本支出」（Capital Expenditures 或 Cap Spending，簡稱 CAPEX），你應該還記得資產負債表也有這個會計科目。不動產、廠房和設備通常是非流動性資產最重要的部分，在投資活動現金流中亦然。

舉例來說，可口可樂購買新設備，使得飲料的生產流程得以加快──這是一項投資活動，因為該支出的目的是為了增加公司的營運能力。買進非流動性資產時，損益表上不會記錄「現金支出」，而是提列「折舊」，而資產負債表則會顯現其當前價值，這些子類別在典型的資產負債表中是看不到的。

這就是為什麼要查看現金流量表，藉此得知現金流出是發生於獲得固定資產的同一年度，現金餘額的減少是因為買進資產，並從投資活動中加以扣除。

一般來說，這個會計科目會是負數。這非常合理，因為可口可樂買進不動產、廠房和設備的金額，會比出售資產的金額還多。在極少數的情況下，你會發現這個會計科目是正數，這意味著公司出售的資產價值比投資的資產價值還多，一旦出現這種情況，你就要非常小心。

雖然擁有現金很不錯，但若這些錢沒有被用來買進更多富有價值的資產，或者是償還昂貴債務的話，也許不久後公司將有現金嚴重短缺的問題。

CH8 現金流量表詳細解析

241

第 8 個會計科目》無形資產投資淨值：為了改善市場地位，公司也會在某些年度收購無形資產，例如可口可樂也許正在為某個新的飲料配方申請專利。這通常是一件好事，大量投資有形資產並不表示事業一定正在成長，對於很多公司而言，有形資產與無形資產的成長其實是齊頭並進的。

如同前幾項會計科目，你會發現這個會計科目往往也是負數，而且這正是你應該關注之處。如果無形資產無法提高獲利能力，或是不再被視為組織的核心營業活動，有時這個無形資產就會被拋售。出售專利或商標等無形資產會使現金流入，而且在投資活動現金流中所列舉的數字會同步增加。

第 9 個會計科目》企業淨值：世界上很少有事物是絕對的黑白分明，企業的買賣也處於灰色地帶，特別是大型公司會定期購併競爭對手；顯然地，這是讓事業成長最普遍的方法。

一般人很難去評估購併其他事業是否是一個好投資，這往往取決於新事業要如何整合到既有團隊中，因此很少有局外人能夠得知詳情。在一般情況下，巴菲特認為公司理應專注在自己的核心活動，以可口可樂為例，意味著公司要專注在飲料產業，而非收購其他產業的事業。

我並不在意這個會計科目是負數，因為這表示公司有更多錢可以買進新事業，而不是賣出事業。不過這是一個灰色地帶，當

公司買進其他事業時,這些錢是股東的錢,而非憑空出現的;成長當然很好,但高成本或高溢價也可能會導致成長——這就是為什麼巴菲特在觀察這個會計科目會特別謹慎的原因。

第 10 個會計科目》投資淨值:可口可樂也許對買進其他公司的股票和債券感興趣。買進不同形式與類型的衍生性金融商品,聽起來很吸引人,但務必切記,那是股東的錢,公司其實一無所有。

身為股東,我希望公司有足夠的現金,不過將多餘現金放在一些投資上是可以接受的。我喜歡把這些錢當作流動性的部分基礎,藉此獲得一些適當報酬。買進投資標的時,經理人常常會碰到麻煩,那就是他們超過了被動持有的門檻,結果擁有了一家自己無法了解的企業。舉例來說,可口可樂的管理階層在生產飲料與行銷方面很專業,但如果投資一家金融服務公司,業務可能就超出了專業領域;如此一來,當可口可樂獲得這家金融服務公司的控股權、必須負責整體營運時,勢必會發生問題。

歷史上,有許多因為超出了自己的專業而付出慘痛代價的公司。投資公司時務必聚焦,並不是不能投資非專業領域的產業,但這樣做可能會增加股東的潛在風險。

第 11 個會計科目》投資活動現金流:將公司用來維護與促進未來成長的現金流加總起來(第 7 個~第 10 個會計科目),

就會得到「投資活動現金流」。

籌資活動現金流（第 12 個 第 16 個會計科目）

想要知道公司有哪些隱藏起來的事情，應該從這裡開始。這個部分常常有大量現金流入與流出，當你觀察現金流量表的趨勢時，肯定會想看到現金流為負的籌資活動。就是這麼簡單！

如果可口可樂決定發行新股票，會為公司帶來更多資金，但現有股東的股權會被稀釋；如果公司決定承擔更多債務，也肯定會為公司注入更多資金，但最終是由身為股東的你付出利息；如果公司決定支付股利給股東，公司的現金會減少，但身為股東的你會收到現金。如你所見，籌資活動現金流對股東而言非常重要。現在就來仔細看看每個會計科目。

第 12 個會計科目》發行普通股：你可以從這個會計科目確定公司是否為了籌資而發行更多普通股，有時這個會計科目會與第 13 個會計科目「購買庫藏股」合併，在這種情況下，該會計科目會統稱為「發行（收回）普通股淨值」。不論名稱為何，這個會計科目都非常簡單：當數字是正數時，表示公司發行了更多普通股以募集資金；如果數字是負數，則表示公司從公開市場中回購股票。

現在有個需要討論的重要問題：如何知道這是好事或壞事？

回答這個問題之前,我們必須先了解額外發行股票的基礎。為了簡單起見,我會在說明股票回購(第 13 個會計科目)時進行類似的討論。

「發行股票」就像是「永續債券」(Perpetual Bond[1])一樣,試想:如果你擁有某公司的所有股份,為什麼願意放棄其中一些股權呢?假設你擁有一家公司的 100% 股權,但卻要放棄 15% 來進行籌資,那麼你需要獲得新資金的哪些報酬,才能符合這筆交易的價值?

這是一個很難回答的問題,通常是公司財務長(CFO)在未來要購併和融資的過程中,才會試圖確認這一點。為了簡化這件事,我提供了一張表讓股票投資人參考。

表 8-5 是一個快速工具,目的是讓投資人確認公司發行股票的融資決定,是否符合「現有股東」的最佳利益。透過公司目前的股價淨值比(P/B Ratio)與股東權益報酬率(ROE),你就可以大致了解發行新股票時,「原始股東」假定的長期實質利率(Effective Perpetuity Interest Rate)。很重要的一點是,只有在公司有較低的負債權益比時(最好低於 0.5),才可以使用這張表。

---

[1] 編按:又稱永久債券或萬年債券,指沒有具體到期日,或者是期限非常長(往往會超過 30 年)的債券,通常要注意是否有提前買回條款、票息是否重設等條件。

從表 8-5 中看到的負數其實是好事！實際上，這些負數代表的是獲利比率；另一方面，表 8-5 中標示色底的正數，則是原始股東為了發行更多股票而假定的長期實質利率。

　　因此，若你是公司財務長，且必須為新大樓籌措 100 萬美元，在審視所有籌資方案之後，你有幾種選擇：1. 用 7.5% 的利率向銀行融資，為期 10 年；2. 發行利率 8.5% 的 10 年期債券；3. 發行更多股票來籌措資金（假設公司目前的股價淨值比是 1、股東權益報酬率是 6%）。

　　非常簡單，對吧！如果你選擇第 3 個方案，非常明智，該方案會使原始股東的實質利率變成 5.22%。現在，我給你一個忠告：第 3 個方案應該被視為永續債券，而其他方案只是為期 10 年的貸款——這有很大的不同。

　　表 8-5 並非絕對的真理，而是基於某種假設的示範工具（例如股東權益報酬率是假定未來的投資報酬率與公司過去的業績表現相同）。

　　如果你對這張表的產生方式有興趣，或是想確定這張表使用了哪些假設，可以閱讀〈附錄 2〉以得到更多資訊。

　　第 13 個會計科目》購買庫藏股：當你發現這個會計科目是負數時，表示公司正在購買庫藏股。一旦買回，這些股票就不再具有投票權或得到股利的權利，也就是說，這些股票以「庫藏」

表 8-5　用 P/B 與 ROE 推估發行新股票的長期實質利率

項目 股價淨值比（P/B）	預期股東權益報酬率（ROE，%）						
	4	6	8	10	12	14
3.00	-2.61%	-10.43%	-18.26%	-26.09%	-33.91%	-41.74%
2.67	-0.87%	-7.83%	-14.78%	-21.74%	-28.70%	-35.65%
2.33	0.87%	-5.22%	-11.30%	-17.39%	-23.48%	-29.57%
2.00	2.61%	-2.61%	-7.83%	-13.04%	-18.26%	-23.48%
1.67	4.35%	0.00%	-4.35%	-8.70%	-13.04%	-17.39%
1.33	6.09%	2.61%	-0.87%	-4.35%	-7.83%	-11.30%
1.00	7.83%	5.22%	2.61%	0.00%	-2.61%	-5.22%
0.67	9.57%	7.83%	6.09%	4.35%	2.61%	0.87%
0.33	11.30%	10.43%	9.57%	8.70%	7.83%	6.96%

註：灰底的長期實質利率為正值，實質利率愈低，報酬率愈高

方式被持有。

記住，公司並未擁有權利，這些權利屬於股東，只是公司藉由買回這些股票為股東創造獲利。當公司買回庫藏股時，現有股東持有的公司股權會相對增加。舉例來說，可口可樂公司有流通在外股數 100 股，而管理階層決定買回 1 股，如果你是原始股東，在買回庫藏股前擁有 1/100 的公司股權，但在買回庫藏股後，你擁有的股權增至 1/99。

到了這裡，很多人會把這件事單純想成一件好事，你想擁

有 1/99、而非 1/100 的可口可樂，對吧？關鍵問題是，管理階層是動用股東目前擁有的現金來購買庫藏股。換句話說，公司的管理階層是用你的錢增加你的股權，而這些錢其實可以用來支付股利，或是讓公司投資在能產生新收入的資產上。

為了評估管理階層是否應該買回庫藏股，你必須要考量一件事：「為了增加公司的股權，我願意付出多少錢？」

我提供了 2 個簡單的表格，用以說明公司在不同選擇之下的報酬（保留獲利，或用獲利購買庫藏股）：首先，假設公司有流通在外股數 10 萬股、股東權益 10 萬美元，還有淨利 1 萬美元可以投資。在表 8-6 中，1 萬美元被保留在公司，並投資於不同比率的股東權益報酬率；而在表 8-7 中，1 萬美元被用來買回股票，而公司持續以不同比率的股東權益報酬率進行營運。我們來看看會變成什麼情況。

比較表 8-6、表 8-7，你可以發現，如果是在股價淨值比低於 1 的時候買回庫藏股，對原始股東來說會非常有利。而在這個假設中，你必須考量的一個重要前提，是假設第 1 個方案（沒有買回庫藏股）的保留盈餘，按照公司過去股東權益報酬率表現進行再投資。

結論很簡單。因為公司買回庫藏股是使用股東的錢，因此只要是合理價格，就會讓股東更有利可圖。如果你有興趣了解投資

表 8-6　沒有買回庫藏股時，預期第 2 年的每股盈餘成長率

項目 股價淨值比（P/B）	預期股東權益報酬率（ROE，%）						股數（股）	股東權益（美元）
	4	6	8	10	12	14		
3.00	4.4	6.6	8.8	11.0	13.2	15.4	10 萬	11 萬
2.67	4.4	6.6	8.8	11.0	13.2	15.4	10 萬	11 萬
2.33	4.4	6.6	8.8	11.0	13.2	15.4	10 萬	11 萬
2.00	4.4	6.6	8.8	11.0	13.2	15.4	10 萬	11 萬
1.67	4.4	6.6	8.8	11.0	13.2	15.4	10 萬	11 萬
1.33	4.4	6.6	8.8	11.0	13.2	15.4	10 萬	11 萬
1.00	4.4	6.6	8.8	11.0	13.2	15.4	10 萬	11 萬
0.67	4.4	6.6	8.8	11.0	13.2	15.4	10 萬	11 萬
0.33	4.4	6.6	8.8	11.0	13.2	15.4	10 萬	11 萬

表 8-7　買回庫藏股時，預期第 2 年的每股盈餘成長率

項目 股價淨值比（P/B）	預期股東權益報酬率（ROE，%）						股數（股）	股東權益（美元）
	4	6	8	10	12	14		
3.00	4.14	6.21	8.28	10.34	12.41	14.48	9 萬 6,667	10 萬
2.67	4.16	6.23	8.31	10.39	12.47	14.54	9 萬 6,255	10 萬
2.33	4.18	6.27	8.36	10.45	12.54	14.63	9 萬 5,708	10 萬
2.00	4.21	6.32	8.42	10.53	12.63	14.74	9 萬 5,000	10 萬
1.67	4.25	6.38	8.51	10.64	12.76	14.89	9 萬 4,012	10 萬
1.33	4.33	6.49	8.65	10.81	12.98	15.14	9 萬 2,481	10 萬
1.00	4.44	6.67	8.89	11.11	13.33	15.56	9 萬	10 萬
0.67	4.70	7.05	9.40	11.75	14.11	16.46	8 萬 5,075	10 萬
0.33	5.74	8.61	11.48	14.35	17.22	20.09	6 萬 9,697	10 萬

人要如何評估買回庫藏股，可以閱讀書末〈附錄 3〉。

第 14 個會計科目》發放現金股利：發放股利或許是將淨利回饋給投資人最普遍的做法。很多投資人比較喜歡股利、而非買回庫藏股的原因之一，是因為他們可以拿到現金。

從管理階層的角度來看，則會持相反意見，因為發放股利等於是永遠送走了錢，因此他們較偏好買回庫藏股；此外，管理階層喜歡買回庫藏股的原因，除了公司不用繳交發放股利時的稅負，還可以將公司的保留盈餘用在未來的收購或購買資產上，而且保留盈餘也能使管理階層推動業務更靈活。

假設可口可樂的淨利是 100 美元，管理階層決定配發給股東 40 美元，若你是擁有 1 股的股東，而公司流通在外股數有 100 股，那麼你會得到股利 0.4 美元（＝40 美元／100 股）。

先暫停，然後重新觀察一下股利的配發，我們可以從中得出以下資訊：現金股利發放率❷是 40%（＝40 美元／100 美元），那剩下的 60 美元去哪裡了？畢竟淨利是股東的，應該要回饋給股東才對。事實上，那 60 美元會再投資於公司上，這表示可口可樂公司能夠買進更多機器和設備，讓來年的淨利得以增加。在大多數情況下，每季都會發放股利❸，以這個例子來說，你每 3

個月會得到 0.1 美元,而不是在年底得到 0.4 美元。

身為投資人,確保公司配發合理股利非常重要。舉例來說,公司的每股盈餘(EPS)是 0.3 美元,股利卻是 3.05 美元,顯然公司難以支應這樣的股利。你也許認為這種情況不會發生,那麼你勢必會對在證券交易所中發現的情況感到訝異。無論如何,如果一家公司的現金股利發放率高於 50% ～ 60%,就會壓抑公司長期配發股利的能力,以及公司的競爭力需求。與大多數事物相同,股利對投資人很好,但若做得太過,往往會導致極端與不穩定的結果。

第 15 個會計科目》發行(償還)債券淨值: 正如我們所知,公司有很多籌措資金的方法:最好的方法是賺取足夠的獲利,如此一來,公司就不需要借錢;另一個方法是發行股票,但缺點是會稀釋現有股東的股權。現在,來看看最後的選項。

對可口可樂公司來說,有個簡單且具吸引力的方法可以得到資金,就是「借錢」。雖然一點點債務不成問題,卻很容易成為問題開端。與個人財務狀況一樣,如果你每個月要靠借錢才能維持生計,那麼這種狀況注定會在某個時間出差錯。

我的建議是,若發現公司債務增加,你應該立即研究財報並

---

❷ 編按:現金股利發放率公式為「股利／每股盈餘」。
❸ 編按:美股慣例為按季配息,且配息方式只發現金,沒有配股。

找出根本原因。我會檢查「負債權益比」，如果當下該數值超過 0.5，就會想知道公司為何會變成這樣，以及要怎麼做才能減少負債；另一個重要的考量是第 6 章討論過的「利息保障倍數」。

當然，在某些情況下，公司會得到很好的擴張機會，但更常見的卻是債務急遽增加，這應該會引起你的警戒，這並非你想看到的現金流入。

簡而言之，如果這個會計科目是負數，表示公司正在償還債務；如果是正數，則表示公司承擔了新債務（或發行債券）。這很重要，當你發現公司的營業活動現金流是負數（第 6 個會計科目），而發行（償還）債券淨值是正數時，你就要知道公司當前碰到了嚴重的麻煩，因為這意味著公司的產品沒有獲利，而管理階層正透過借錢以維持生計——遠離明顯有這種情況的公司。

第 16 個會計科目》籌資活動現金流：就像前面的總計科目一樣，第 16 個會計科目只是加總所有籌資活動，這樣一來就能看到全貌。

本期現金變化（第 17 個會計科目）

現在你已經了解現金如何在一個事業體中流動，再觀察一次現金流量表，並看看它是否有所不同（詳見表 8-8）。

我們從第 1 個會計科目「淨利」開始計算公司的營業活動現

金流。這只是起點,因為透露出公司在這一年之間賺了多少錢;我們也明白這只用會計科目衡量,而非用現金衡量,因此必須對非現金項目(第 2 個～第 5 個會計科目)做出調整。調整過後,我們得到第 6 個會計科目「營業活動現金流」,也就是公司經營業務活動時所獲得的現金。

為了了解投資活動現金流,要觀察讓公司維持或成長時所需要用到的資金:我們說明了投資並進行現金交易的有形資產(第 7 個會計科目)與無形資產(第 8 個會計科目),也說明了額外或新領域日常業務的投資交易(第 9 個～第 10 個會計科目)。總結這些會計科目之後,我們算出了維持公司事業成長所需的現金流(第 11 個會計科目)。

對於籌資活動現金流,我們首先觀察了發行股票產生的現金流入與流出(第 12 個會計科目),以及「購買庫藏股」(第 13 個會計科目)等影響;接著說明了支付給股東的現金股利(第 14 個會計科目);最後,我們也查看了公司是否獲得債務或歸還欠款(第 15 個會計科目)。總結這些會計科目,最後得出所有與籌資活動相關的現金流(第 16 個會計科目)。

加總從營業活動、投資活動與籌資活動中獲得的現金流,就會產生本期的現金變化,即增加現金 415 美元(第 17 個會計科目)——這是公司在這一年進行活動的所有現金交易。

表 8-8　現金流量表的組成

1	淨利	2,863
2	折舊	516
3	其他非現金項目	264
4	遞延所得稅	287
5	營運資金	-832
6（＝1＋2＋3＋4＋5）	營業活動現金流	3,098
7	不動產、廠房與設備投資淨值	-1,349
8	無形資產投資淨值	-214
9	企業淨值	86
10	投資淨值	-176
11（＝7＋8＋9＋10）	投資活動現金流	-1,653
12	發行普通股	98
13	購買庫藏股	-326
14	發放現金股利	-682
15	發行（償還）債券淨值	-120
16（＝12＋13＋14＋15）	籌資活動現金流	-1,030
17（＝6＋11＋16）	本期現金變化	415
18	期初現金與約當現金餘額	1,432
19（＝17＋18）	期末現金與約當現金餘額	1,847

單位：美元

接著將第 17 個科目與「期初現金與約當現金餘額」（第 18 個會計科目）相加，就會得到「期末現金與約當現金餘額」（第 19 個會計科目）。若將這個會計科目與資產負債表第 1 個會計科目（現金與約當現金）相互對照，你會發現兩者數字完全相同，都是「1,847 美元」。如你所見，現金流量表的確消除了損益表最後一個會計科目與資產負債表第 1 個會計科目的差異。

現金流量表的比率分析

截至目前為止，我們已經分析了損益表與資產負債表的關鍵比率，現在該是研究現金流量表的關鍵數字與比率的時候了。

自由現金流（Free Cash Flow，FCF）

這是非常重要的數字！你經常會看到「自由現金流」，其實占比不大，但對想要進一步分析的人來說，這是非常重要的計算，因為很多價值投資人深信這個數字是確認企業內在價值的關鍵。公式如下：

自由現金流 = 營業活動現金流 + 不動產、廠房與設備投資淨值

自由現金流 = 3,098 美元 + （-1,349 美元）

= 1,749 美元

營業活動現金流位於現金流量表第 6 個會計科目、不動產、廠房與設備投資淨值位於現金流量表的第 7 個會計科目。

　　營業活動現金流是經營事業所產生的現金流，以前文提及的可口可樂公司例子來看，就是銷售可樂所收到的所有現金。當我們觀察不動產、廠房與設備投資淨值（投資活動現金流的一部分）時，可以得出結論——現金流出乃是維持與開發業務（如購買新機器與設備）所需。

　　不動產、廠房與設備投資淨值有時會被稱為「資本支出」，儘管這些術語已經被很多人混用，但在一些高等財務管理教科書中，還是會強調差異。如果你有興趣了解真正的資本支出與本書所提供的簡略計算之間的差異，你可以在網路上找到提供各種方法與意見的資源。

　　為了簡化自由現金流的計算，我們建議用不動產、廠房與設備投資淨值的數字即可。若你發現公司資本支出的計算中有更多其他設備，只要替換掉自由現金流公式的變數「不動產、廠房與設備投資淨值」就好。

　　在第 4 章中，曾提及自由現金流是現金流折現估值法模型的主要組成部分。而這個等式並不包含籌資活動現金流，因為借來的錢並不屬於公司實際賺到的資金。在使用自由現金流評估公司內在價值時，強烈建議你觀察近幾年的自由現金流。你會發覺自

由現金流在不同年度之間會經常改變，因此使用一個較高或較低的數字將大幅影響價值評估，而我至少會用近 5 年的自由現金流平均值來試著計算公司的內在價值。

自由現金流可作為股利分配給股東，也可以用來買回庫藏股或償還公司債務；基本上，這都是將現金還給股東的方式之一。現金確實為王，而投資一家擁有高額且穩定自由現金流的公司，你幾乎不會感到後悔。

自由現金流營收比率

通常也稱為「自由現金流銷售比率」，你應該還記得營業收入就是銷售，因此維持一致，使用「營業收入」這個名稱。公式如下：

自由現金流營收比率＝（營業活動現金流 + 不動產、廠房與設備投資淨值）／營業收入

自由現金流營收比率 =〔3,098 美元 +（-1,349 美元）〕／1 萬 3,279 美元

= 13.2%

13.2% 是什麼意思？如果按照上述資料，意味著可口可樂公司每銷售 100 美元的飲料，就會給股東 13.2 美元的現金。這是非常好的關鍵比率，不只顯示出公司有多少收入（畢竟收入可能來自賒銷交易，若客戶違約，公司也許不會看到這筆錢），還可以進一步衡量出有多少現金會直接支付給股東。

以這個計算結果為例，顯示了 100 美元的營業收入中，多達 13.2 美元可以直接作為股利。不過，將 100% 的自由現金流付給股東或許永遠不會發生，因為這會妨礙公司未來的收購機會或其他成長機會，因此公司會選擇將一定比率的自由現金流作為股利，而其他的錢仍留在公司帳戶。

一般來說，投資人應該尋找自由現金流營收比率始終維持至少 5% 的公司。

投資活動現金流對營業活動現金流比率

最後一個現金流量表的重要比率，是比較投資活動現金流與營業活動現金流的比率。公式如下：

投資活動現金流對營業活動現金流比率＝

投資活動現金流／營業活動現金流

投資活動現金流對營業活動現金流比率

= 1,653 美元／3,098 美元

= 53.3%

這個比率表示每當可口可樂公司從營業活動賺到 100 美元，就有 53.3 美元會投資在維持公司的成長上。你可能會得出結論，認為這個比率愈低愈好；換言之，應該盡可能把多的現金還給股東。但要記住的是，投資活動現金流是用來維持業務正常運作的資金，如果沒有將資金再投資於公司，未來就很難賺到營業收入。

不妨這樣試想：你喜歡在一家破舊的飯店過夜嗎？當然不喜歡，但一家企業若沒有把錢再投資於公司事業上，就會像那家飯店一樣乏人問津。沒有將錢投資回自己事業的公司，生命週期往往非常短。

巴菲特看待這個關鍵比率的方法，是觀察發展及處於哪個水準。舉例來說，我發現可口可樂的投資活動現金流對營業活動現金流比率近 10 年都穩定維持在 50% 左右，於此情況下，我會覺得這比同期百事可樂的 60% 更有吸引力。理由很簡單：若公司將賺到的所有錢都只用在投資新設備，那麼身為投資人的我，最終不會得到任何現金。

短期來看，高投資比率不是問題，實際上，若有絕佳投資機會，有時這個數字可能會超過 100%，但這一絲希望取決於現金投資是否用在事業成長或維持現有事業的經營。

　　你只要記住一件事：就長期而言，巴菲特了解資本再投資於事業的重要性，但同時也堅信現金最終應以某種有利可圖的方式還給股東。

後記

給讀者的最後提醒

　　還是有問題嗎？別擔心！www.BuffettsBooks.com 是百分之百免費的網路社群，擁有超過 10 個小時有關價值投資法的教學影片。網站上的所有影片，都有助於學習這本書所提及的基礎知識——這個網站的目的，就是要教導人們像巴菲特一樣投資。

　　如果你已經有投資經驗，論壇的用戶們會很高興聽取你的意見；如果沒有投資經驗，仍然可以加入我們，本書作者史迪格·博德森（Stig Brodersen）、普雷斯頓·皮許（Preston Pysh）與整個網路論壇，都會很樂意回答你遇到的任何問題。

附錄 1

內在價值計算工具及其限制

〈附錄 1〉是有關網站 BuffettsBooks.com 內在價值計算工具的詳細資訊,是為了想了解這個計算工具背後機制的人所撰寫的內容。我認為這些資訊的詳細程度會增進你的理解,但並非使用該模型的必要條件。

內在價值計算工具是如何產生的?

讀過有關巴菲特和葛拉漢著作的人,都會知道他們常常討論債券,事實上,巴菲特常常提到債券與股票的價值評估方法很相似。

在 1997 年的波克夏海瑟威股東會上,有人向巴菲特提出問題:「你認為確定內在價值的最重要工具是什麼?使用這些工具時,你會採取哪些規則或標準?」

巴菲特的回答是：「如果能夠觀察到任何企業未來100年的現金流，並以適當利率折現，那麼我們就會得到一個代表內在價值的數字，就像是一檔100年後到期且有票息的債券一樣⋯⋯。企業也有票息，只是沒有被印在債券上，而且這取決於投資人對這些票息隨時間流逝的估計值。在高科技或其他類似產業的公司中，我們不知道確切票息內容，但我們會努力兌現可以明確了解的企業票息。如果你試著評估內在價值，那麼全都與現金流有關，把現金投入其他投資類型的唯一原因，是預期可以從中拿到現金，而不是藉由賣出投資來得到現金。那樣只是一場誰打敗誰的遊戲，但這是資產⋯⋯。」

在1977年雜誌《財星》（*Fortune*）上，巴菲特就債券與股票兩者比較發表過評論：「我認為，最主要是從經濟面來看，股票確實和債券非常類似。我知道這種想法對很多投資人而言很奇怪，但現在我們認為這些公司並非上市股票⋯⋯，假設那些企業的股東以帳面價值收購它們，⋯⋯而且收益始終保持穩定，因此可將其視為『股權的票息』。」

儘管我只引述幾句話來印證巴菲特認為債券與股票的價值評估方法很相似，不過深入研究後，只會更加確立這樣的看法。考慮到現實情況，我們要仔細看看債券的市場價格是如何決定的。優質債券的價值由以下變數所決定：

M = 票面價值或到期時的價值；

C = 票息；

i = 當前利率或必要收益率；

n = 收到利息的期限或次數。

當我們將這些變數應用到現金流量折現法模型時，會得出計算債券市場價格的公式：

$$債券價格 = C \frac{\left[1 - \left[\left(\frac{1}{(1+i)^n}\right)\right]\right]}{i} + \frac{M}{(1+i)^n}$$

觀察這個大型公式時，我們可以發現只要簡單替換相關變數，就可以算出債券市場價值的數字。如果你到網站BuffettsBooks.com 上觀看課程 2 的單元 2、第 4 課（Course 2, Unit 2, Lesson 4❶），就會找到使用這個公式的計算工具。儘管該網頁沒有直接提及，但其背後機制就是這個公式。

---

❶ 編按：課程網址為 www.buffettsbooks.com/how-to-invest-in-stocks/intermediate- course/lesson-16/。

現在獲得了大進展。研究債券與股票的異同時，我們發現非常相似的地方：相對於票息，股票有股利；相對於票面價值，股票有股本（或說是帳面價值）。理解票息近似於股利並不難，但要理解票面價值與帳面價值的相似之處卻不簡單。讓我提供一個奇怪的例子以說明我的看法。

想像一下，你要評估某檔票面價值不斷成長的債券：假設債券的發行價格是 1,000 美元，但 10 年後到期時，票面價值是 2,000 美元。如果這檔債券不支付票息，在目前利率為 5% 的情況下，你要如何評估它？

能回答這個問題的方法，就是計算該資產的未來現金流，並以當前利率將其折現。因為這檔債券沒支付票息，因此唯一的現金流是 2 個票面價值之間的差距。同樣以前文數據為例，代換變數後就能解決此問題：

$M = 2,000$ 美元；

$C = 0$ 美元；

$i = 5\%$；

$n = 10$ 年。

代換完成後，算出債券價格等於 1,227.8 美元，這表示當你在目前市場以 1,227.8 美元的價格購買票面價值會增加的無票息債券時，可以得到 5% 的報酬。現在你可能會疑惑，這與股票有何關聯？很簡單，讓我們換成另一個類似的問題。

想像一下，你要評估某檔帳面價值不斷成長的股票：假設股票目前的帳面價值是 1,000 美元，但 10 年後的帳面價值可能會增加到 2,000 美元，而且你還預期這個事業的獲利，將會隨著企業的帳面價值成長而持續同步上揚；這家公司沒有配發股利，不過你希望能得到 5% 的潛在投資報酬。為了得到 5% 的預期收益，應該如何評估股票價格？

為了這個新問題，讓我們做些代換：

M = FBV = 未來帳面價值 = 2,000 美元；

C = D = 股利 = 0 美元；

i（預期報酬率或折現率）= 5%；

n（年數）= 10 年。

解答這個問題時，我們會得到完全相同的答案：1,227.8 美元。如你所見，只是略微修改債券市場價格的計算方式，就能應

用在股票上。在這個例子中,我們評估的是沒有配發股利的公司,如果公司有配發股利,這個計算仍然有效。**重要的是要記住,這個計算只能應用於每股盈餘(EPS)與帳面價值呈等比率成長的期間才有效。**

看完前面的例子,你可能會想知道我們如何確定未來的帳面價值。為了回答這個問題,必須先找出可以預測結果的穩健公司,藉由觀察過去表現趨勢,用以估計未來表現。如果公司歷年帳面價值每年以7%速度成長,那麼就可以使用這個數字作為未來帳面價值的估計值。

務必記住的是,當前盈餘和短期盈餘的預測,必須與過去盈餘表現一致。若非如此,你就無法預期帳面價值像以往一樣成長,那麼計算就不會準確,甚至會被誤導。如果當前盈餘和預測的盈餘與過去一致,就能預測出合理的未來帳面價值。

舉例來說,公司目前的帳面價值是每股10美元,根據歷史趨勢,預估帳面價值每年會成長7%,這麼一來,就可以使用簡單的「貨幣時間價值」(time value of money)公式,進而估計10年後的未來帳面價值:

FBV(未來帳面價值)=?

PBV(目前帳面價值)=10美元;

g = 預期帳面價值成長率 = 7%；

n = 未來的年數 = 10 年。

FBV = PBV × (1 + g)^n

= 10 美元 × (1 + 7%)^{10}

= 19.67 美元

為了簡化應用在股票上的債券市場價格公式，我們將部分變數重新命名如下：

每年的票息 = 未來 n 年的預期每年平均股利，因此 C = D

票面價值 = 預期的未來帳面價值，因此 M = FBV = PBV × (1 + g)^n

現在我們已經調整了變數，並將代換至債券市場價格公式，藉此得出內在價值公式：

$$內在價值 = D \frac{\left[1 - \left(\frac{1}{(1+i)^n}\right)\right]}{i} + \frac{PBV(1+g)^n}{(1+i)^n}$$

D = 未來 n 年的預期每年平均股利（以美元為單位）；

PBV = 目前帳面價值（以美元為單位）；

g = 預期帳面價值成長率；

n = 未來現金流的估計年數；

i = 折現率，或最低可接受的投資報酬率；

內在價值 = 為了在接下來「n 年」獲得「i 報酬率」應支付的市價。

將持續穩定成長的股利納入計算

前文公式是網站 BuffettsBooks.com 使用的內在價值計算工具。有些人可能會質疑，這個公式納入了帳面價值成長，卻沒有納入股利成長。我忽略這個部分的理由，是為了提供預期現金流的安全邊際。如果你不同意這一點，仍想要放在價值評估中，那麼接下來我要提供一個詳細的計算方法，在公司的財務等各方面數字都極為穩定的情況下，我只推薦這個方法。

要說明股利成長率，需要利用歷史數據建立趨勢線。以嬌生公司（Johnson & Johnson）為例，圖 A1-1 的股利數據來自於嬌生公司網站，如你所見，這張圖顯示出穩定配發股利的歷史趨勢。想要找到一家公司的歷年配發股利數據並不困難，我通常是在公司網站上找到這些數據，或是利用 Google 搜尋「嬌生公司的歷年股利」，也可以快速查到這些資料。

當歷史股利成長趨勢看起來像圖 A1-1 時，就證明了這種價

圖 A1-1　嬌生 1997 年～ 2013 年配發的股利

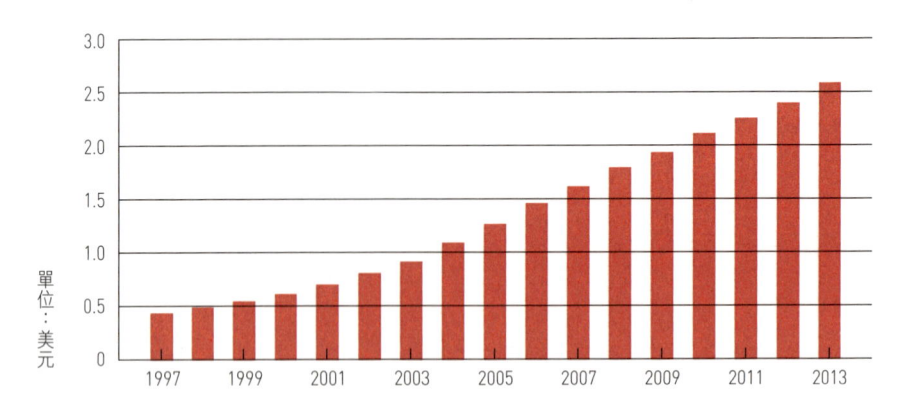

單位：美元

值評估方式準確性。透過簡單操作，投資人可以用數據畫出一條線性趨勢線，用以估計未來幾年（通常是 10 年）的平均股利。想要做到這一點，可以利用的斜率公式如下：

股利成長斜率＝（期末年股利－期初年股利）／（期末年－期初年）

這個公式顯示每年的股利（美元）成長。相對於提供一個固定的指南，規定要衡量幾年內的數字，我反而是強烈建議投資人，應該選擇能呈現實際股利成長率的保守數據。例如，要分析

嬌生公司 2004 年～ 2013 年的數據，就可以用這個斜率公式來加以計算：

股利成長斜率 =（期末年股利 – 期初年股利）／
（期末年 – 期初年）
=（2.59 美元 – 0.93 美元）／
（2013 年 – 2004 年）
= 0.184 美元（每年）

依照線性平均來看，這表示嬌生公司每年股利會增加 0.184 美元；知道這個數字之後，就能估算該公司於未來 10 年可配發的股利。由於這個方式使用的是線性成長率，因此若要計算從現在起的 5 年後股利，就可以將這個數字作為 10 年期的現金股利平均值。為了算出這個數字，可以使用以下這個公式：

n 年期間的未來平均股利 = 股利成長斜率 ×（n 年／ 2）
+ 目前配發股利

10 年期間的未來平均股利 = 0.184 美元 ×（10 年／ 2）
+ 2.59 美元
= 3.51 美元

算出結果後，你會發現我們得出了一個比公司目前配發股利還高的年度股利數字。假如不使用目前配發股利，而是將這個數字代入內在價值計算工具的話，也許會估算出一個更準確（且樂觀）的結果。

確認股利的歷史紀錄

使用這個內在價值計算工具時，你應該注意的評估要素之一，是要確認在過去的某段時間內，股利與帳面價值都有成長。假設帳面價值平均 1 年成長 10%，而且現在公司才剛決定要開始配發股利。懂得計算內在價值的人，也許會設定股利已經配發很長一段時間，但是這並不具有代表性，因為較早配發股利，相對來說也會限制過去帳面價值的成長性，而這將會嚴重扭曲企業的現金流，使得這項投資趨向較為積極、正面的估價。為了避免這種危險的評估，因此只要確認公司配發股利的歷史紀錄，與你評估的帳面價值成長是在同一段時間即可。

納入庫藏股的成長

2011 年年底，凱洛‧盧米思（Carol Loomis）在《財星》寫了一篇名為〈巴菲特在績優股的大賭注〉（Buffett Goes Big in Big Blue）的文章，當中提到波克夏海瑟威公司在 IBM 投入了 107 億美元，這一年巴菲特設法以每股 167 美元的價格，購買

表 A1-1　2009 年～ 2011 年 IBM 的帳面價值

年度	帳面價值（美元）
2011	17.31
2010	18.77
2009	17.34

IBM 逾 6,400 萬股。

當你研究 IBM 的財務資料時，會發現一些很奇怪的事情，例如當巴菲特買進時，每股盈餘約為 13.29 美元，而根據他的購買價格，本益比（P/E）約為 12.57 倍——不算差，但也不會讓人特別興奮；至於殖利率則是 1.7%，同樣沒什麼好興奮的。那麼股本的歷史成長紀錄呢？

事實上，如果你觀察 2003 年～ 2011 年 IBM 的帳面價值，會發現已從 16.44 美元成長至 17.31 美元（詳見表 A1-1）。

現在你可能會問：為什麼巴菲特會買下這家公司價值 100 億美元的股份？股利算起來其實微不足道，而帳面價值幾乎沒有變化。我們已經從內在價值計算工具得知「穩健的股利與帳面價值成長」是讓投資有利可圖的原因。那麼，這是怎麼一回事？

為了理解這個情況，以下詳述一個會計術語「庫藏股」，其實我在資產負債表與現金流量表已經簡單介紹過。

庫藏股指的是公司擁有的股票。舉例來說，IBM 共有流通在外股數 1,000 股，為了減少數量，IBM 選擇在公開市場中買回自己的股票。為了說明得更清楚，假設公司決定從市場的 1,000 股中買回 100 股，要讓這些股票撤出市場，IBM 需要動用公司的資金，才能從其他投資人手中買下股票。

如果 IBM 股票的市場價格是 1 股 155 美元，那麼為了買回 100 股，IBM 現金帳目上會減少 1 萬 5,500 美元，意即公司的股本會因買回股票而減少 1 萬 5,500 美元，而流通在外股數會減少至 900 股──接下來就是庫藏股可能有點棘手的地方。公司可以完全註銷這些買回的股票，或保留在庫藏股帳戶中，並伺機讓它們重回市場。如果選擇第 1 個做法，這些股份會被註銷且不再發行；如果保留在庫藏股帳戶中，這些庫藏股沒有投票權，也無法配發股利，而流通在外股數會減少。

為什麼公司想要買回自己的股票，並把股票放進庫藏股帳戶呢？有幾個可能的情況：

- 目前的股東對公司有諸多控制權，而在市場上可以獲得的股份愈少，新投資人相對能獲得的股份就愈少，持有公司股權的機會遭到限制。有控股權的股東，也許會使用這個方法來抵制潛在的新股東。

- 如果公司認為自己被低估,可能會利用公司的保留盈餘來增加每個股東的權益。沒有人比公司自己更了解戰略地位。
- 藉由這個方法,公司得以將保留的流動性資本轉換成股東權益,不僅可以避免資金受到通貨膨脹的影響,還能自動讓資金以目前的股東權益報酬率再投資回公司(最糟的情況下)。

這麼一來,你要如何評價買回庫藏股的公司?由於現金流並未反映在公司帳面價值上,因此使用 BuffettsBooks.com 內在價值計算工具時,結果可能會產生誤差。在這種情況下,我會使用第 4 章的原則 4 規則 5 介紹過的「現金流量折現法」模型。然而要記住的是,像 IBM 這樣大量買回庫藏股的公司十分罕見。

適用高成長型公司的計算工具

巴菲特說過:「預設高成長率是一件非常危險的事⋯⋯這也是人們碰到許多麻煩的地方。預期能維持長期高成長率的想法,會使投資人損失很多錢。回想 50 年前的頂尖公司,有多少家公司長期有 10% 的成長率?15% 成長率的更是罕見。」

如果有某件事會嚴重扭曲內在價值的計算,那肯定是使用了

不切實際的高成長率：使用「現金流折現估值法」模型的話，就是第 2 個與第 5 個應輸入的變數；若用的是 BuffettsBooks.com 計算工具，則應輸入的變數為每年帳面價值平均百分比數字。從巴菲特的話中可看出，很多投資人陷入困境，是因為假定了一家公司能在一段較長的時間內以極快速度獲利。

眾所皆知，當一家公司創造龐大獲利並因此快速成長時，會導致一個有趣的結果——競爭對手也注意到商機了。以蘋果公司為例，2008 年～ 2012 年時，蘋果推出智慧型手機與平板電腦，造就了爆炸性營收成長，當時沒有任何公司擁有可與 iPhone 與 iPad 品質和性能相媲美的同類商品；隨著市場成熟，Google、三星（Samsung）和亞馬遜（Amazon）在 4 ～ 5 年內紛紛推出新商品，逐漸蠶食了蘋果的主導地位。從這個例子中，學到這個重點：**設定長期的高成長率數字，務必要非常謹慎。**

一般而言，評估高成長型公司時，「現金流折現估值法」的內在價值計算方法會優於 BuffettsBooks.com 內在價值計算工具。

舉例來說，你希望用「現金流折現估值法」模型設定某家公司在未來 3 年有極高的成長率（25%），可以在往後幾年設定一個適當的長期成長率（3%）即可——只要記住 3 個原則：準確、平衡、小心。

無限成長理論

「聖彼得堡悖論」（Saint Petersburg paradox❷）其實是經濟學家的經典討論，其中一點是，只要時間無限，其他事物也會趨於無限。

重點是什麼呢？我的看法是，無論使用任何模型，都只會呈現出你所輸入數字的相關表現。假設你認為某家公司每年會成長30%，儘管真實性有待商榷，顯然你會算出很高的內在價值；如果把時間拉得很長，那麼該公司的內在價值就會如你所期望得一樣高。

在內在價值計算工具中，這可以解釋為：只要折現率低於估計的成長率，當時間不受限制時，股票價值就會無限大。以圖A1-2的例子來看，雖然我為簡單起見而省略了股利，但如你所見，即使帳面價值的平均變化比折現率略高，不過只要有夠長的時間，內在價值就會持續放大。

---

❷ 編按：「聖彼得堡悖論」源自一個丟硬幣遊戲：第一次出現正面可得1元，第一次擲出反面，就要再擲一次，若第二次擲出正面，便賺2元。若第二次擲出反面，就擲第三次，若第三次擲的是正面，便賺2×2元以，此類推，直到出現正面為止。那麼你願意花多少錢參加這個遊戲？若按照理論計算，其期望值會是無限大，但顯然不會有人願意掏出五十元來參加遊戲。該如何解釋這個矛盾？直至1738年，丹尼爾・白努利（Daniel Bernoulli）以「邊際效用遞減法則」與「最大效用原理」做出合理解釋，並成為現代經濟學之基礎。

圖 A1-2　評估期間愈長，公司內在價值愈大

Cash Taken Out of Business ($)：從企業拿走的現金（美元）

```
0
```

* This is dividends recieved for 1 year.
這是 1 年的股利

Current Book Value ($)：目前的帳面價值（美元）

```
10
```

* We need to know this so we can determine the base value that's changing.
我們需要這個數字，才能決定與基準年的價值變化差異

Average Percent Change in Book Value Per Year (%)：每年平均帳面價值變化（%）

```
4
```

* This will determine the estimate BV at the end of the next 10 years.
這可以確定 10 年後的估計帳面價值

Years：年數（年）

```
1000
```

* This will most likely be 10 (if you're comparing a 10 year federal note).
這個數字可能是 10（如果與 10 年期國庫券比較）

(Discount Rate) 10 Year Federal Note (%)：（折現率）10 年期國庫券利率（%）

```
3
```

* Look up the ten year treasury note by clicking on this text.
點擊此處以查看 10 年期國庫券利率

[CALCULATE] 計算

Intrinsic Value ($)：內在價值（美元）

```
157077.72173432834
```

附錄 2

如何評估發行普通股效益？

在「發行普通股」這個會計科目中，你可以確認一家公司是否為了籌資而發行或出售更多普通股。我們先來討論發行更多股票的情況。有些人認為這不屬於籌資活動，因此可能會覺得很驚訝。看待發行更多股票的最佳方法是視為公司正在借款，這種貸款唯一的不同，在於期間十分長久（或說是永久）。當考慮到無限期貸款對公司的影響時，會很快地意識到，最重要的是必須支付的利率水準。那麼要如何解決這個問題？

假設：公司擁有股東權益 10 萬美元，這些股東權益每年產生 1 萬美元的淨利（或獲利），而流通在外股數有 10 萬股，並以本益比 10 倍的價格交易；為了新合資的事業，公司需要更多資金，所以發行 1 萬 5,000 股的新股票。

根據以上資訊，我們知道每股盈餘（EPS）是 0.1 美元，也知道每股交易價格是 1 美元（= 每股盈餘 × 本益比），因此多

發行 1 萬 5,000 股，可以籌措 1 萬 5,000 美元的資金。確切數字可能會有爭議，因為隨著新股票在市場交易，公司能獲得的資金也或多或少有所不同。

現在來估算這 1 萬 5,000 美元的利率：發行更多股票之前，公司的每年淨利是 1 萬美元；當股票數量從 10 萬股變成 11 萬 5,000 股之後，原始股東（或說是每個股東）占公司的股份只剩 86.96%。因為原始股東的股東權益減少了，原先享有的 1 萬美元淨利只剩下 8,696 美元。如果公司的盈餘保持不變（注意是「如果」喔），那麼原有的股東就需要為這 1 萬 5,000 美元的貸款支付每年 1,304 美元的利息，相當於利率 8.7% 的永久貸款——這很糟糕。但等一下，也許沒有那麼糟⋯⋯。

如此看來，理解這些假設條件是非常重要的事。雖然原始股東的股份比重減少了，不過公司也為投資新資產籌措到更多資金。假設經理人做出了明智的決定，並用新資金購買新機器，可使得獲利比以往增加。

為了更容易理解，我們假設新投資正好符合原先的股東權益報酬率（ROE）10%，也就是新的 1 萬 5,000 美元資產每年會額外產生 1,500 美元的獲利。這麼一來，當我們重新評估「貸款」條件時，就得到了一個明顯截然不同的結果。

還記得前文所述的假設條件嗎？公司的原始股東每年會賺

表 A2-1　新股籌得資金愈多，原始股東負擔利率愈少

發行 1 萬 5,000 股籌措到的資金	第 1 年的利率
2 萬 5,000 美元	5.22%
2 萬美元	6.52%
1 萬 5,000 美元	8.70%
1 萬美元	13.04%
5,000 美元	26.09%

到 1 萬美元的淨利，發行新股票之後，原始股東的權益減少至 86.96%。不過，雖然股東權益減少，但公司仍因買進新資產而增加了獲利能力，因此 1 年後，公司盈餘增加至每年 1 萬 1,500 美元，也就是說，原始股東在 1 年後就得到了原先的淨利 1 萬美元（＝ 1 萬 1,500 美元 ×86.96%）。

這其中包含許多計算，雖然可能有些棘手，但要確認發行新股票對公司是好是壞本來就不容易。正如你所見，我們做出了很多假設：假設公司不久後（1 年）就把籌措的資金（1 萬 5,000 美元）轉換成獲利，以達到與過去相當的股東權益報酬率（10%）。因為有許多假設，因此當這些假設情況沒有發生時，你可能很快就會意識到未來很多年要負擔 8.7% 的利率。

更重要的是，整個情況其實取決於相對的假設因素，例如：假設公司以相同股數籌措 1 萬美元（而非 1 萬 5,000 美元），或

假設新資金只能獲得 5% 的股東權益報酬率等等，這些因素都會對這筆永久貸款產生巨大的影響。

表 A2-1 概述的是隨著假設的改變，公司原始股東須負擔的利率也會有所不同（其中，1 萬 5,000 美元是作為例子的假設），利率指的是第 1 年的利率。

如果公司能將資金轉換成可以創造報酬的資產，那麼隨後幾年，這筆資金的年利率就會像表 A2-2 一樣。觀察表 A2-2，你可以發現籌措 1 萬 5,000 美元、股東權益報酬率 10% 是作為例子的假設。要小心的是，這些數字可能有點違反直覺。從表 A2-2 的例子中可以看出，假設條件不同時，若出現負利率，代表發行股票可以賺到永久的獲利；反之，當利率是正數時，代表的是原始股東因發行股票所須支付的有效利率，這很不好。

表 A2-2　籌措資金的 ROE 愈高，原始股東負擔利率愈少

項目	預期股東權益報酬率（ROE，%）					
發行 1 萬 5,000 股籌措到的資金	4	6	8	10	12	14
2 萬 5,000 美元	4.35	0.00	-4.35	-8.70	-13.04	-17.39
2 萬美元	6.09	2.61	-0.87	-4.35	-7.83	-11.30
1 萬 5,000 美元	7.83	5.22	2.61	0.00	-2.61	-5.22
1 萬美元	9.57	7.83	6.09	4.35	2.61	0.87
5,000 美元	11.30	10.43	9.57	8.70	7.83	6.96

表 A2-3　P/B、預期 ROE 愈低，原始股東負擔利率愈高

項目 股價淨值比 （P/B）	預期股東權益報酬率（ROE，%）					
	4	6	8	10	12	14
3.00	-2.61	-10.43	-18.26	-26.09	-33.91	-41.74
2.67	-0.87	-7.83	-14.78	-21.74	-28.70	-35.65
2.33	0.87	-5.22	-11.30	-17.39	-23.48	-29.57
2.00	2.61	-2.61	-7.83	-13.04	-18.26	-23.48
1.67	4.35	0.00	-4.35	-8.70	-13.04	-17.39
1.33	6.09	2.61	-0.87	-4.35	-7.83	-11.30
1.00	7.83	5.22	2.61	0.00	-2.61	-5.22
0.67	9.57	7.83	6.09	4.35	2.61	0.87
0.33	11.30	10.43	9.57	8.70	7.83	6.96

註：灰底代表股東須負擔的年利率為正值

　　雖然表 A2-2 適用於本書中所提及的例子，但要如何運用於普通股的選股呢？很簡單，我將這個表調整一下，就可以讓你代入各種條件與比率，並以 1 股為單位進行計算（詳見表 A2-3）。

附錄 3

如何評估購買庫藏股效益？

　　如同股票投資的許多面向，沒有絕對的指標能告訴我們買回庫藏股會增加多少價值。就像第 8 章所說的，主要標準是基於公司買回庫藏股所付出的價格。

　　評斷買回庫藏股的價值時，價格會如此重要是考量到「機會成本」（opportunity cost）。例如，當你買進一檔股票時，其實你也可以選擇買進債券──債券的報酬率就是你的機會成本。

　　公司買回庫藏股時，「收到從盈餘配發的股利」也是你所要面對的機會成本。

　　公司獲利的錢有 2 個去處：1. 直接把這些錢配發給股東，也就是「股利」，通常企業 1 年會配息 4 次；2. 這些錢會進入公司帳戶，也就是資產負債表的「保留盈餘」，目的是為了進行再投資，將資金留在公司內部，就能因避稅等獨特優勢而獲益。

表 A3-1　「沒有」買進庫藏股時，預期第 2 年的每股盈餘成長率

項目 股價淨值比（P/B）	預期股東權益報酬率（ROE，%）						股數（股）	股東權益（美元）
	4	6	8	10	12	14		
3.00	4.40	6.60	8.80	11.00	13.20	15.40	10 萬	11 萬
2.67	4.40	6.60	8.80	11.00	13.20	15.40	10 萬	11 萬
2.33	4.40	6.60	8.80	11.00	13.20	15.40	10 萬	11 萬
2.00	4.40	6.60	8.80	11.00	13.20	15.40	10 萬	11 萬
1.67	4.40	6.60	8.80	11.00	13.20	15.40	10 萬	11 萬
1.33	4.40	6.60	8.80	11.00	13.20	15.40	10 萬	11 萬
1.00	4.40	6.60	8.80	11.00	13.20	15.40	10 萬	11 萬
0.67	4.40	6.60	8.80	11.00	13.20	15.40	10 萬	11 萬
0.33	4.40	6.60	8.80	11.00	13.20	15.40	10 萬	11 萬

表 A3-2　「買進」庫藏股時，預期第 2 年的每股盈餘成長率

項目 股價淨值比（P/B）	預期股東權益報酬率（ROE，%）						股數（股）	股東權益（美元）
	4	6	8	10	12	14		
3.00	4.14	6.21	8.28	10.34	12.41	14.48	9 萬 6,667	10 萬
2.67	4.16	6.23	8.31	10.39	12.47	14.54	9 萬 6,255	10 萬
2.33	4.18	6.27	8.36	10.45	12.54	14.63	9 萬 5,708	10 萬
2.00	4.21	6.32	8.42	10.53	12.63	14.74	9 萬 5,000	10 萬
1.67	4.25	6.38	8.51	10.64	12.76	14.89	9 萬 4,012	10 萬
1.33	4.33	6.49	8.65	10.81	12.98	15.14	9 萬 2,481	10 萬
1.00	4.44	6.67	8.89	11.11	13.33	15.56	9 萬	10 萬
0.67	4.70	7.05	9.40	11.75	14.11	16.46	8 萬 5,075	10 萬
0.33	5.74	8.61	11.48	14.35	17.22	20.09	6 萬 9,697	10 萬

如果你對管理階層如何運用保留盈餘再投資這件事有興趣，只要觀察股東權益報酬率（ROE）即可（詳見表A3-1、表A3-2）。

收到股利是件很棒的事，每季都會有資金進入你的銀行帳戶，讓你可以彈性地將錢配置在最好的投資上；此外，發放股利還能夠約束管理團隊，嚴格控制他們運用現金的方式，使他們只能從事最能增加價值的活動。經理人也會像一般人一樣，當手上擁有太多錢時就會愚蠢地大花特花。

然而，投資人是否都應該選擇一個偏好發放股利的管理階層呢？不幸的是，這件事並不容易。大量配發股利會產生的巨大爭議是有關稅負的問題，因為每次配發股利時，你都會被重複課稅──第1層稅負由（身為股東的你所擁有的）公司負擔，第2層則是當銀行帳戶收到股利時，你也必須繳交相關稅負。

現在，你可能會有點困惑，到底應該要選擇配發股利或是買回庫藏股？不用擔心，兩者其實都各有好處，讓我們重回第8章「購買庫藏股」的討論。身為投資人，你想要以低於價值的價格買進好股票，顯然你也希望管理階層做相同的事；如果做不到這一點，就應該選擇以現金股利的方式領取公司獲利，如此一來，你就可以買進另一檔價值被市場低估的股票。

你可以從年報中找到有關股利與購買庫藏股的相關政策與規

定。無論哪一個年份,你都可以在現金流量表上找到用來配發股利與買回庫藏股的錢。

巴菲特財報學（新修版）

作者	史迪格・博德森、普雷斯頓・皮許
譯者	徐文傑
商周集團執行長	郭奕伶
商業周刊出版部	
總監	林雲
責任編輯	盧珮如
封面設計	賴維明
內文排版	黃齡儀
圖片提供	gettyimage
出版發行	城邦文化事業股份有限公司 商業周刊
地址	115 台北市南港區昆陽街 16 號 6 樓
	電話：（02）2505-6789　傳真：（02）2503-6399
讀者服務專線	（02）2510-8888
商周集團網站服務信箱	mailbox@bwnet.com.tw
劃撥帳號	50003033
戶名	英屬蓋曼群島商家庭傳媒股份有限公司城邦分 公司
網站	www.businessweekly.com.tw
香港發行所	城邦（香港）出版集團有限公司
	香港九龍九龍城土瓜灣道 86 號順聯工業大廈 6 樓 A 室
	電話：（852）2508-6231　傳真：（852）2578-9337
	E-mail：hkcite@biznetvigator.com
製版印刷	中原造像股份有限公司
總經銷	聯合發行股份有限公司　電話（02）2917-8022
初版 1 刷	2025 年 5 月
初版 4 刷	2025 年 5 月
定價	400 元
ISBN	978-626-7678-26-8
EISBN	978-626-7678-25-1（PDF）／978-626-7678-24-4（EPUB）

Warren Buffett Accounting Book: Reading Financial Statements for Value Investing Copyright © 2014 by Stig Brodersen and Preston Pysh. All rights reserved Chinese translation rights published by arrangement with Business weekly, a division of Cite Publishing Limited

版權所有・翻印必究
Printed in Taiwan（本書如有缺頁、破損或裝訂錯誤，請寄回更換）
商標聲明：本書所提及之各項產品，其權利屬各該公司所有。

《巴菲特財報學：跟股神學投資，用會計知識解析價值投資法》徐文傑譯本書譯稿經由城邦文化事業股份有限公司之 Smart 事業處授權出版，非經書面同意，不得以任何形式重製轉載。
※ 本書為《巴菲特財報學：用價值投資 4 大原則選出好股票》（2020）改版

國家圖書館出版品預行編目（CIP）資料

巴菲特財報學（新修版）／史迪格・博德森（Stig Brodersen），普雷斯頓・皮許（Preston Pysh）著；徐文傑譯 .-- 初版 .-- 臺北市：城邦文化事業股份有限公司商業周刊，2025.05
　面；　公分
譯自：Warren Buffett accounting book : reading financial statements for value investing
ISBN 978-626-7678-26-8（平裝）

1.CST：財務報表 2.CST：財務分析

495.47　　　　　　　　　　　　　　　　114003927